「TWELITE PAL」
ではじめる
クラウド電子工作

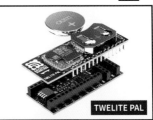

TWELITE PAL

ケース

BLUE PAL

ドア開閉

RED PAL

モーション

MONO WIRELESS

TWELITE PAL

温度
湿度
照度

+M5Stack

TWELITE R2

はじめに

　「ドアセンサー」や「温度センサー」を簡単に作りたい。そう思ったことはありませんか？

　実際に作りたいと思っても、「マイコン回路の設計」「センサーのハンダ付け」「マイコンのプログラミング」「インターネットから見られるようにする仕組み」…など、すべきことがたくさんあります。

　本書は、そんなことを、「できるだけ簡単に」実現するための書です。しかも、「無線」で！

＊

　主役となるのは、モノワイヤレス社の「TWELITE PAL」…コイン電池で動く、「無線センサー」です。

　完成品なので、「ハンダ付け」の必要もありませんし、無線なので、配線不要。

　買ってきて、ケースに入れて、ドアに取り付けたり、温度を測りたい場所に置くだけで、すぐに使えます。

＊

　そして脇役となるのが、「クラウド」です。

　「センサー」のデータを集めても、それを「インターネットから見れるようにする」には、「サーバの構築」が必要です。

　慣れていない人にとっては、サーバの構築も一苦労ですが、そんな問題を、本書は「クラウド」で解決します。

＊

　本書では「クラウド」として、「AWS」を使います。

　「AWS」では、ブラウザから操作するだけで、さまざまなサーバ機能を使うことができます。

　「認証」や「セキュリティ」の設定をして、必要なファイルやプログラムを置くだけです。

　また、サンプルなどの例も、できるだけ汎用的に使えるよう、短いサンプルを組み合わせて利用できるように構成しました。

＊

　「MQTT」や「AWS IoT」などの「IoT サービス」の基本、そして「Web サーバ」を構成する「S3」やデータベースを構成する「DynamoDB」など、「AWS」の各種サービスも扱っています。

　「TWELITE PAL」を使った「無線センサー」の使い方のみならず、一般的な「IoT 分野」の「クラウド」の基礎についても、お役に立てるように配慮しました。

　本書では、話題の液晶付きマイコン「M5Stack」とつなぐ電子工作も扱っています。

　無線電子工作の楽しさが伝われば、幸いです。

大澤 文孝

「TWELITE PAL」ではじめる クラウド電子工作

CONTENTS

サンプルプログラムについて

本書の「サンプル・ファイル」は、工学社ホームページのサポートコーナーからダウンロードできます。

＜工学社ホームページ＞

http://www.kohgakusha.co.jp/support.html

●各製品名は、一般的に各社の登録商標または商標ですが、®およびTMは省略しています。

第1章

センサーの無線化を実現する
TWELITE PAL

> 「TWELITE」(トワイライト)は、無線機能を内蔵した1円玉大のマイコンです。
> 「TWELITE PAL」は、このマイコンにセンサーを取り付けてコイン電池で動くようにしたものです。
>
> この章では、TWELITE PAL で何ができるのか、その概要を説明します。

1-1　無線小型マイコン「TWELITE」

　TWELITE は、モノワイヤレス社が開発した、無線通信できる、小さな「マイコン」です。

　2.0V～3.6Vの電圧で動作するため、単三電池やボタン型電池(CR2032 など)で動作させることができます(**図1-1**)。

※動作電圧について、詳しくはデータシートを参照してください。

図1-1　1円玉サイズのTWELITE

■ 標準出力の「BLUE」と高出力の「RED」

　TWELITE は、「IEEE802.15.4」という 2.4GHz帯の無線規格を使って通信します。

　通信速度は、「約250kbps」です。

　標準出力(1mW級)の「BLUE」と高出力(10mW級)の「RED」の2種類があります。

　理想的な条件では、REDはBLUEの約3倍程度の通信距離が期待できます(最大通信距離は環境によって変化します)。

> **メモ**　「BLUE」と「RED」は、ピン互換で、かつ動作も同じですが、利用しているマイコンが若干異なります。
>
> 　そのため、マイコンの動作を書き換えるプログラムは、「BLUE用のもの」と「RED用のもの」が、それぞれ別に提供されています。

　日本国内の「電波法認証」(技適)はもちろん、海外での電波認証も通っており、世界38ヶ国で、免許なしで利用できます(本書執筆時点)。

> **メモ**　各種認証については、「https://mono-wireless.com/jp/products/approvals/」を参照してください。

■ TWELITEのシリーズ製品

　「TWELITE」は、SMDで1.27mmピッチの、表面実装型の部品です。
　そのため、手でハンダ付けするのは困難です。

　そこで、モノワイヤレス社は、このTWELITEを、もっと手軽に使えるように、**表1-1**に示す製品群としてシリーズ展開しています。

表1-1　TWELITEシリーズ

製品シリーズ	概　要
TWELITE DIP	「DIP」(2.54mmピッチ)に変換し、ブレッドボードでの試作やDIP基板での製作を容易にしたもの
MONOSTICK	USBモジュールとして実装したもの。パソコンやタブレットなどのUSBコネクタに装着して利用できる
TWELITE 2525A	モーションセンサーを内蔵し、「動き」を検知できるようにした単体製品。コイン電池で動作する
TWELITE PAL	コイン電池で動作する単体製品。「磁気センサー」「温度・湿度センサー」「モーションセンサー」などのデバイスとドッキングして使う
TWELITE R	TWELITEシリーズに内蔵されているプログラムを書き換えたり、設定を変更したりするためのROMライタ。パソコンとUSB接続して利用する

■ 基本となるTWELITE DIP

　「TWELITE DIP」は、2.54mmのピン間隔に変換した部品です。
　ブレッドボードなどに装着して、すぐに使えます(**図1-2**)。

　「TWELITE」と同じように、標準出力の「BLUE」と、高出力の「RED」があります。

> **メモ**　TWELITE DIPは、マッチ棒型のアンテナが付いているモデルが基本です。
> 　アンテナなしで、いくつかのアンテナを選べるモデルもあります(アンテナを付けずに利用することはできません)。

図1-2　TWELITE DIP

● つなぐだけで無線通信できる

「TWELITE DIP」の特徴は、2台用意して電池をつなぐだけで、「無線通信」ができる点です。

たとえば、片方に「スイッチ」、もう片方に「LED」を装着し、スイッチを「オン・オフ」することで、遠く離れたLEDを点けたり消したりできます（**図1-3**）。

オン・オフの「デジタル信号」以外に、「アナログ信号」も（PWMとして）扱えるので、「ボリューム」（半固定抵抗器）で、LEDの明るさを変えるようなこともできます。

> **メモ**　本書では、こうした「TWELITE DIP」の基本については説明しません。
> 　「つなぐだけで無線通信できる」についての詳細は、姉妹書**「TWELITEではじめるカンタン電子工作」**を参考にしてください。

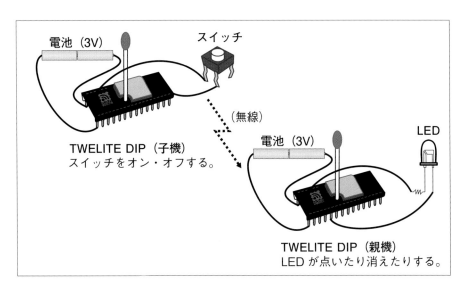

図1-3　つなぐだけで無線通信できる

■ パソコンと接続する「MONOSTICK」

「MONOSTICK」を使うことで、パソコンと接続できます。

● 「USB」でパソコンと接続する

「MONOSTICK」は、**USBモジュール**として構成されたTWELITEです。
パソコンやタブレットなどの「USB端子」に接続して利用します(**図1-4**)。

MONOSTICKも、TWELITE DIPと同様に、「標準出力のBLUE」と「高出力のRED」の2種類あります。

図1-4　MONOSTICK

● シリアル通信でやりとりする

MONOSTICKは、パソコンやタブレットから、シリアルデバイスとして見えます(たとえばWindowsなら「COM3」、Raspberry Pi (Linux) なら「/dev/ttyUSB0」など)。

第2章で説明しますが、このシリアルデバイスに、さまざまな命令を書き込むことで、TWELITEを操作できます。

また、TWELITEに接続されたスイッチなどの情報も、シリアルデバイスを通じて参照できます(**図1-5**)。

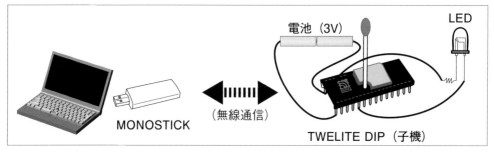

図1-5　MONOSTICKとTWELITE DIPとをつなぐ

1-2 TWELITEにセンサーやデバイスをつなぐ

TWELITEにつなげられるのは、スイッチやLEDだけではありません。
「**各種センサー**」をつなぐこともできます。

> **メモ** TWELITEにセンサーを使った工作事例については、姉妹書「TWELITEではじめるセンサー電子工作」も参考にしてください。

■ 簡単なアナログセンサーやスイッチ

TWELITEには、「アナログ入力ピン」があります。
ここに、「温度センサー」などの各種アナログセンサーを接続することができます。センサーの値は、MONOSTICKで数値として参照できます。

■ I2Cセンサーやデバイスの接続

TWELITEには、「I2Cデバイス」を接続できます。
I2Cデバイスは、「**電源**」「**SDA（データ）**」「**SCL（クロック）**」「**GND**」の4本の線で接続するデジタルデバイスです。

それぞれのデバイスには「固有の番号」が付いていて、そのデバイス番号に対して、それぞれのデバイスで定義された「コマンド」を送信することで制御します。
たとえば、温度センサーなら、「特定のコマンドを送信すると、温度がデータとして取得できる」など、コマンドに対する挙動が決まっています。

TWELITEに、こうしたさまざまなセンサーをつなげば、パソコンから、それに対応するコマンドを送信することで、センサーの値を読み取れます。

「I2C」は汎用的なデバイスで、センサー以外のデバイスもあります。
たとえば、「液晶モジュール」などがその代表です。

TWELITEと組み合わせれば、遠方の液晶モジュールに好きな文字を表示する、というような電子工作も作れます（**図1-6**）。

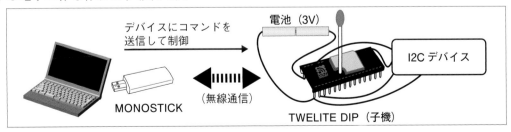

図1-6 TWELITEとI2Cデバイスをつなぐ

■ マイコンからも通信できる

ここまでは「TWELITE」を、パソコンと接続することを前提として話してきましたが、パソコンだけとは限りません。

「各種マイコン」も、TWELITEと通信できます。

● Raspberry Pi

Raspberry Piは、OSとしてLinuxが搭載されたマイコンです。USB端子があるため、パソコンとTWELITEとを接続するのと同様に、MONOSTICKを使って制御できます。

● Arduinoやmbedなどのマイコン

Arduinoやmbedなどの USB端子を持っていないマイコンからも、TWELITEを制御できます。

この場合、TWELITE DIPのシリアル端子とマイコンとを接続します。

TWELITE DIPは3V駆動なので、「3Vのシリアル入出力できるマイコン」となら、直結できます。

たとえば、液晶画面付きのArduinoマイコン「**M5Stack**」と組み合わせると、M5Stackのボタンから TWELITEを制御したり、TWELITEに接続された各種情報を画面に表示したりできます(**図1-7**)。

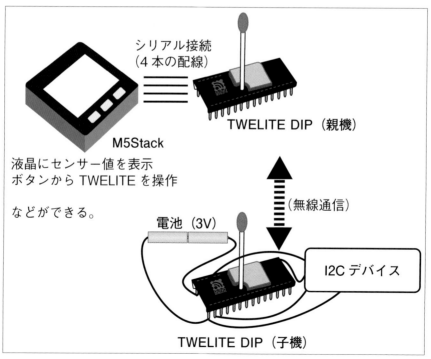

図1-7　M5StackでTWELITEを使う

1-3 オールインワンの「TWELITE 2525A」と「TWELITE PAL」

このようにTWELITEにアナログセンサーやI2Cセンサーを接続すると、簡単に「無線センサー」を実現できます。

たとえば、

> ① 「温度センサー+TWELITE」を各部屋に置いて、それぞれの部屋の温度を測る。
> ② 「ドアの開閉がわかるスイッチとTWELITE」を、ドアに設置して、それぞれのドアの開け閉めの状態がわかるようにする。
> （トイレのドアに付ければ、いわゆる、トイレ使用中センサーができる）

といったことが、簡単に実現します。

しかし、簡単なのは「実験の範囲」だからです。

「実用的」に使いたい場合、耐久性や使い勝手を考えて、ケースも作らないといけないでしょう。そして台数が増えれば、製作そのものがたいへんになってきます。

こうした場面で使いたいのが、すでにセンサーなどが搭載された「オールインワン・モジュール」です。

「TWELITE 2525A」と「TWELITE PAL」の2種類があります。どちらもコイン電池（CR2032）で動作します。

■ TWELITE 2525A（トワイライト ニコニコA）

TWELITEに「モーションセンサー」を取り付けたものです。

2cm角の大きさで、「動き」「傾き」などが分かります。

具体的な利用例としては、窓などに取り付けて、「強く叩かれたかどうかを調べる」「窓が動いた（開いた）かどうかを調べる」とか、物に取り付けて、「物が動いたかどうか（盗難されていないか）を調べる」、ガス栓などに取り付けて、「ガス栓の向き（開いているか閉まっているか）を調べる」などが挙げられます。

TWELITE 2525Aは、BLUEやREDの区別はなく、BLUE相当品です。

図1-8 TWELITE 2525A

■TWELITE PAL

センサーやコントローラーを、亀の子のように「ドッキング」できるモジュールです。

TWELITEが乗っている親となるのが「**BLUE PAL**」または「**RED PAL**」です(**図1-9**)。

下にドッキングできるモジュールには、「**SENSE PAL**」と「**CONTROL PAL**」の2種類があります。

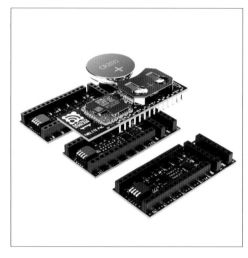

図1-9　TWELITE PAL

> ※上がTWELITE PALモジュールが搭載された「BLUE PAL」または「RED PAL」。下が「SENSE PAL」または「CONTROL PAL」。
>
> 　組み合わせて使うもので、どちらか単体では動かすことはできない。
>
> 　TWELITE PAL本体は、BLUE版とRED版があるが、下のSENSE PALは共通。

●SENSE PAL

各種センサーです。

本書の執筆時点では、「**開閉**」「**温度・湿度・照度**」「**動作(モーション)**」という、3種のセンサーがあります。

●CONTROL PAL

コントローラーとして動作するものです。

本書執筆時点ではLEDを光らせる「LEDパル」が開発中です。

写真を見ると分かるように、コイン電池を入れるだけで、各種センサーが使えるので、とても簡単です。

自分で工作する必要がありません。

しかも、TWELITE PALが入る「**プラスチックケース**」も販売されています。

プラスチックケースに入れてしまえば、どこでもセンサーを置くことができます(**図1-10**)。

図1-10　TWELITE PALのケース

1-4　インターネットでセンサーやデバイスを制御する

　このようにTWELITE PAL＋SENSE PALは、購入するだけですぐに使える「無線セン
サー」です。

　この組み合わせと「MONOSTICKを用意したPC」を用意すれば、すぐに、無線センサーを
実現できます（**図1-11**）。

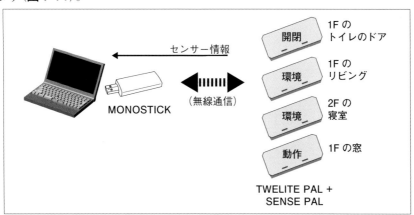

図1-11　「TWELITE PAL＋SENSE PAL」で無線センサーを実現する

　TWELITEの無線は、家全体の一棟ぐらいはカバーできます（条件によります）。

> **メモ**　電波が届かないような場合、「MONOSTICK＋USB電源」の構成を、中継器として使
> うこともできます。

　しかし欲を言えば、"ドアの開け閉めをインターネットから確認"したり、"部屋の温度を
確認"できたりすると、とても便利です。
　図1-11の構成でも、できなくはありませんが、通常、自宅のパソコンにインターネットか
ら入り込むことは、セキュリティ上困難です。

　そこで、「インターネットのサーバにデータを定期的にアップロードして、確認できる構成」にするのが一般的です。

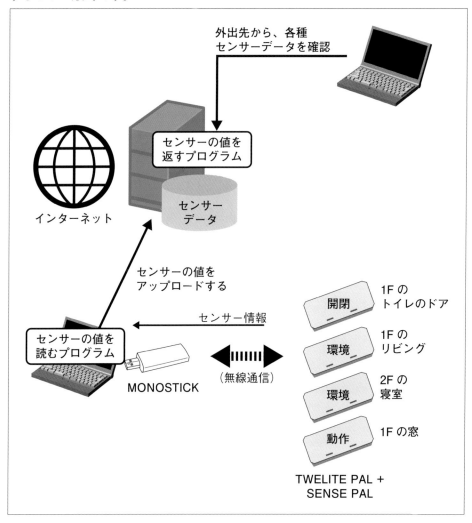

図1-12　センサーのデータをインターネットで見られるようにする

　この構成こそが、本書の主題です。
　サーバを構築するのは、少し難しいですが、クラウドを使えば、とても簡単です。
　そこで本書では、AWSを使って、この仕組みを構築していきます。

■ Raspberry Piやマイコンで実現する

　こうした構成をとる場合、データをアップロードする目的だけのために、1台、パソコンを用意しておくのは現実的ではありません。

　こうしたアップロードは、「マイコン」にやらせてしまうとよいでしょう。

　「Raspberry Pi」は、無線LANや有線LANでインターネットに接続できるので、こうした目的にマッチします。

　プログラムも「Python」など、パソコンで作るのと同じプログラミング言語を使うことができます。

　もっと手軽に実装したいのなら、「ESP32」などの無線機能を搭載した「Arduinoマイコン」を使う方法もあります。

　たとえば、M5Stackは液晶画面もあるので、こうした目的に最適です。
　ただし、プログラムは「Arduino言語」(C++をベースとした言語)を使うので、難易度は、少し高くなります。

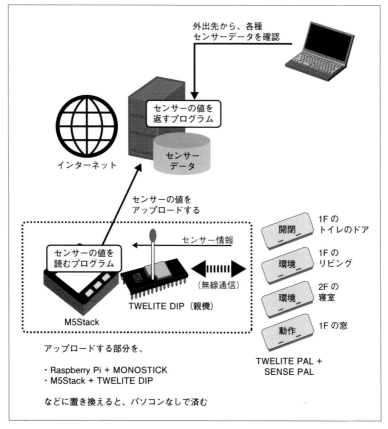

図1-13　パソコンの代わりにマイコンを使う

1-5 本書の流れと目的

　本書は、「TWELITE PAL」で取得したデータを「MONOSTICK」などで受け取り、それを
クラウドに送信して、どこからでもセンサーの値を参照できる仕組みを構成するための本で
す。

　本書の構成は、次の通りです。

・TWELITE PALの基本

　第2章では、TWELITE や MONOSTICK、TWELITE PALの基礎を説明します。

・Python プログラミング

　第3章では、パソコンや Raspberry Pi から Python 言語を使って、TWELITE を制御する
方法を説明します。

・Arduino プログラミング

　第4章では、M5Stack で TWELITE を操作する方法を説明します。

・ネットからのアクセス

　第5章では、Web サーバを起動し、パソコンやスマホのブラウザから、センサーの値を見
られるようにします。

・クラウドへのデータ送信

　第6章では、TWELITE から受信したデータをクラウドに送信する方法について説明しま
す。

　全体として関連しているので、基本的には、最初から読んでください。

　ただし、パソコンでしか操作しない場合は、M5Stack などのマイコンに関する部分は読み
飛ばしてかまいません。

　逆に、M5Stack などのマイコンからしか操作しない場合は、Python プログラミングの部
分は、読み飛ばしてかまいません。

第**2**章

「TWELITE PAL」のセットアップ

「TWELITE PAL」は、コイン電池で動く TWELITE です。
手軽に無線センサーを実現できます。

この章では、「TWELITE PALの基本」と、「セットアップ方法」を説明します。

2-1 「TWELITE PAL」の基礎

まずは、「TWELITE PALの構成」から説明します。

■「TWELITE PAL」の構成

「TWELITE PAL」は、①本体となる「BLUE PAL」または「RED PAL」と、②各種センサーやデバイスとなる「SENSE PAL」や「CONTROL PAL」とをハメて使います。
どちらか単体では使えません（**図2-1**）。

ハメているだけなので、①と②は付け替えることができそうですが、実際は、ピン強度の問題で、何度も付け外しする設計にはなっていません。
繰り返し、付けたりハメたりすると、ピンが抜けてしまう恐れがあります。

基本的には、一度ハメたら別の「SENSE PAL」や「CONTROL PAL」と入れ替えて使うことは避けてください。

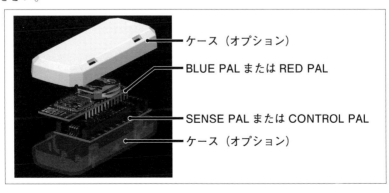

ケース（オプション）

BLUE PAL または RED PAL

SENSE PAL または CONTROL PAL

ケース（オプション）

図2-1 「TWELITE PAL」の構成

●「BLUE PAL」と「RED PAL」

BLUE PALやRED PALが本体となるもので、「TWELITEマイコン」と「コイン電池のホルダ」が搭載されています（**図2-2**）。

BLUE PALとRED PALとの違いは、「**電波強度**」（およびマイコン型番）の違いです。
前者は「**標準出力モデル**」で、後者は「**高出力モデル**」です。

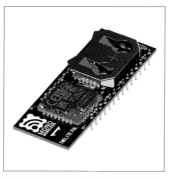

図2-2 「BLUE PAL」と「RED PAL」

コラム コイン電池を入れなければ「TWELITE」になる

BLUE PALやRED PALは、実は、「TWELITE DIP」とピン配置が同じです。
コイン電池を抜けば、「TWELITE DIP」として使えます。

●「SENSE PAL」と「CONTROL PAL」

「SENSE PAL」と「CONTROL PAL」は、センサーやデバイスを搭載した基板モジュールです。

前述のBLUE PALやRED PALを亀の子のように載せ、ハメ込んで使います。
繰り返しになりますが、単体で利用することはできません。

「SENSE PAL」はセンサーを搭載したモジュールで、「CONTROL PAL」はデバイスを搭載したモジュールです。

本書の執筆時点では、次のモジュールがあります（**表2-1**、**表2-2**）。

表2-1 「SENSE PAL」

種 類	機 能
開閉センサーパル	「OPEN-CLOSE SENSE PAL」。 マグネットセンサー。 ドアに、このセンサーとマグネットを取り付けると、ドアの開け閉めセンサーとして利用できる
環境センサーパル	「AMBIENT SENSE PAL」。 温度、湿度、照度を測れる
動作センサーパル	「MOTION SENSE PAL」。 加速度や動き、傾きを調べられる。 たとえば、窓に取り付けて「窓が叩かれたかどうか」を調べられる。 また、鍵やガスの元栓など回る部分に取り付ければ、その向きが分かるので、「鍵をかけたか」「ガスの元栓を閉めたか」などを調べられる

表2-2 「CONTROL PAL」

種 類	機 能
LEDパル	LED PAL。 LEDを光らせるモジュール。（現在開発中）

■パソコン側の構成

パソコン側は、「MONOSTICK」を接続して、通信します。
接続したMONOSTICKは、「シリアルポート」（COMポート）として見えます。

SENSE PALの場合、定期的に「ドアの開け閉め情報」「温度・湿度・照度」「加速度」がシリアルポートにデータとして送信されてきます。
それを読み取ることで、「センサーの値を取得」できます。

CONTRL PALの場合は、シリアルポートに制御データを送信することで、「LEDを光らせる」ことができます。

メモ 「CONTROL PAL」は、本書の執筆時点では、未販売です。

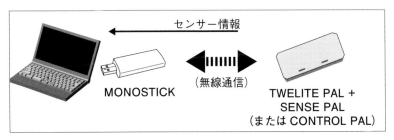

図2-3 MONOSTICKと「TWELITE PAL」との通信

■設定やプログラムを書き換えるときに必要な「TWELITE R」

基本的には、前述の**図2-3**のように、

・MONOSTICK
・「BLUE PAL または RED PAL」と「SENSE PAL または CONTROL PAL」

という組み合わせで動作します。

ただし、少し高度なことをしたいときは、さらなる部品が必要になることがあります。
それは、「TWELITE R」(トワイライター)というROMライタです。

「TWELITE R」は、TWELITEのプログラムやデータを書き換えるための装置です。
パソコンとUSBケーブルで接続して使います。旧版の「TWELITE R」と新版の「TWELITE R2」があります(**図2-4**)。

図2-4 「TWELITE R」(左)と「TWELITE R2」(右)

①TWELITE R

microUSB接続のタイプ。ブレッド用のピンがあり、電源切り替えもできます。

②TWELITE R2

2020年3月13日発売の新版。USB Type-Cを採用し、小型化されています。7ピンのコネクタがあり、TWELITE 2525AやTWELITE PALに直接装着できます。

これから新しく購入する人は、TWELITE R2を使うのがよいでしょう。
基本的な機能は同じであるため、便宜上、本書では、どちらも「TWELITE R」と表記します。以下、特に明記しない限り、「TWELITE R」と表記したときは、新版の「TWELITE R2」も含むこととします。

たとえば、

・センサーからデータを送信する間隔を変更したい(デフォルトは1分)。
・電波の周波数を変更したい。
・通信をグループ化して、他のグループのTWELITE群と混信しないようにしたい。

などの場合は、「TWELITE R」(もしくは「R2」。以下同じ)が必要です。

また「TWELITE R」を使えば、モノワイヤレス社が配布している別の種類のアプリに入れ替えたり、自作のアプリに書き換えたりすることもできます。

2-2 本書を読み進めるにあたって用意すべきもの

ここまでの話をまとめておきます。

本書は、「TWELITE PAL」を使って、センサーやデバイスを無線で操作する方法を説明していきます。

本書の内容を実践するには、次のものが必要です。

---

①MONOSTICK

パソコンなどと接続するのに必要です。

標準出力の「BLUE版」と、高出力の「RED版」があります。どちらを使ってもかまいません。

②「BLUE PAL」または「RED PAL」

センサーやデバイス側を操作するTWELITEです。「BLUE PAL」か「RED PAL」かのどちらかを用意してください。

> **メモ** BLUE版とRED版は混在できます。
> つまり、「RED版のMONOSTICK」と「BLUE PAL」とを組み合わせて使うというように、RED/BLUEが混在した環境でも問題ありません。

③「SENSE PAL」または「CONTROL PAL」

実際に操作したいセンサーやデバイスが搭載された「SENSE PAL」または「CONTROL PAL」を用意してください。

たとえば「温度・湿度・照度」を計測したいのなら、「環境センサーパル」を用意してください。

本書では、さまざまな「SENSE PAL」を使っていきますが、基本的な使い方は同じです。

具体的な方法については、**次章**で説明します。

2-3 MONOSTICKをセットアップする

では、はじめていきましょう。

まずは、パソコンなどに「MONOSTICK」をセットアップします。

本書では、「Windows」「Mac」「Raspberry Pi」を扱います。

MONOSTICKは、汎用的なシリアルデバイスなので、接続するだけで利用できます。

ただし、MONOSTICKをTWELITE PALと組み合わせて使うには、MONOSTICKのプログラムを、モノワイヤレス社が配布している「**パルアプリ（App_PAL）**」に更新しなければなりません（**図2-5**）。

メモ

モノワイヤレス社では、MONOSTICKに内蔵のファーム（プログラム）を、「超簡単！標準アプリ」と「パルアプリ」の両対応にする開発を進めています。

2020年4月〜6月頃の出荷分から、両対応のファームに置き換わる予定です。そうなれば、本書の手順のようにアプリを書き換えなくても、出荷時のまま利用できるようになります。

詳しくは、モノワイヤレス社のウェブサイトを確認してください。

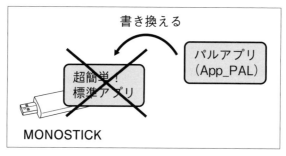

図2-5　パルアプリに更新する

コラム　TWELITE APPS

TWELITEはマイコンであり、挙動を記したプログラムを内蔵しています。
プログラムを書き換えると、TWELITEの動作を変更できます。

TWELITE DIPやMONOSTICKには、工場出荷時に、「**超簡単！標準アプリ**」というプログラムが入っています。

これは**第1章**で説明したように、スイッチやLEDをつなぐと、すぐに無線化できるプログラムです。

一方で、「TWELITE PAL」（厳密に言えば、「BLUE PAL」や「RED PAL」）には、工場出荷時に、センサーデータなどを扱うための「**パルアプリ（App_PAL）**」というプログ

ラムが書き込まれています。

　これは、TWELITE DIP やMONOSTICK に内蔵されている「超簡単！標準アプリ」とは異なるものです。

　モノワイヤレス社は、「超簡単！標準アプリ」と「パルアプリ」以外にも、超省電力で動く**「無線タグアプリ」**、片方向の送信の代わりに、もっと多くの入出力ポートを使える**「リモコンアプリ」**、音声通信できる**「アナログ送信アプリ」**など、いくつかの実用的なアプリを提供しています。

　もちろん配布されているアプリを使うだけでなく、独自でアプリを作ることもできます。

【TWELITE APPS】

https://mono-wireless.com/jp/products/TWE-APPS/

■パルアプリのダウンロード

　パルアプリは、モノワイヤレス社の下記のURLで配布されています。

【パルアプリ　ダウンロードページ】

https://mono-wireless.com/jp/products/TWE-APPS/App_pal/download.html

　このページから、最新版をダウンロードしてください（**図2-6**）。

図2-6　パルアプリのダウンロード

　ダウンロードしたファイルは「ZIP形式」です。**表2-3**に示すファイルが含まれています。

表2-3 パルアプリのZIPファイルの内容

ファイル名	意　味
Manifest.txt	内容物を説明するテキストファイル
App_PAL-Router-RED.bin	中継器用プログラム（RED版）
App_PAL-Router-BLUE.bin	同BLUE版
App_PAL-Parent-RED.bin	TWELITE DIPなど親機用のプログラム（RED版）
App_PAL-Parent-BLUE.bin	同BLUE版
App_PAL-Parent-RED-MONOSTICK.bin	MONOSTICK用のプログラム（RED版）
App_PAL-Parent-BLUE-MONOSTICK.bin	同BLUE版
App_PAL-EndDevice-RED.bin	「TWELITE PAL」などの子機用のプログラム（RED版）
App_PAL-EndDevice-BLUE.bin	同BLUE版

　MONOSTICK用のプログラムは、「App_PAL-Parent-BLUE-MONOSTICK.bin」（BLUE版の場合）または「App_PAL-Parent-RED-MONOSTICK.bin」（RED版の場合）の、いずれかです。

　手持ちのMONOSTICKがBLUE版かRED版かによって、適合したものを使ってください。以下、それぞれのOSにおいて、プログラムの書き換え方を説明します。

■WindowsにMONOSTICKをセットアップする

　Windowsの場合は、「TWELITEプログラマ」というソフトを使って、MONOSTICKなどのプログラムを更新できます。

■TWELITEプログラマのダウンロード

　まずはTWELITEプログラマを、下記のサイトからダウンロードします。

【TWELITEプログラマ】

https://mono-wireless.com/jp/products/TWE-APPS/LiteProg/

　ここで［ダウンロード］ボタンをクリックすると、ZIP形式のファイルとしてダウンロードできます（図2-7）。

図2-7　TWELITEプログラマのダウンロード

展開すると、ライセンスなどが記述されたテキストファイルとともに、「TWE-Programmer. exe」というファイルが得られます。

これが、MONOSTICKのプログラムを書き換えるためのプログラムです（**図2-8**）。

> **メモ** 「TWE-Programmer.exe」は、MONOSTICK以外にも、「TWELITE R」を使ってパソコンにつないだ「TWELITE DIP」や「TWELITE PAL」のプログラムを書き換えるときにも使います。

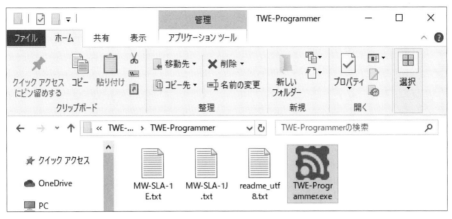

図2-8 TWE-Programmer.exe

「TWE-Programmer.exe」を使って、パルアプリを書き込むには、次のようにします。

手 順 **パルアプリを書き込む**

---

[1] TWE-Programmer.exe を起動する

「TWE-Programer.exe」をダブルクリックして起動します。

[2] ポートを選択する

[はじめに COM ポートを選択する]の部分で、MONOSTICK を接続したポート番号を選択します（**図2-9**）。

図2-9 COMポートを選択する

> ### コラム 自動識別されないときは
>
> 　自動識別されないときは、FTDI社のFT232Rシリーズ用のドライバを手動でインストールしてください。
>
> 　具体的には、下記からダウンロードしてドライバをインストールします。
>
> ### FTDI社のドライバダウンロードページ
> https://www.ftdichip.com/FTDrivers.htm

[3] ファームウェアを選択する

　画面の［ファームウェアを選択して書き込む（ファイルドロップ可能）］をクリックし、先にダウンロードしておいた「**App_PAL-Parent-BLUE-MONOSTICK.bin**」（BLUE版の場合）、または「**App_PAL-Parent-RED-MONOSTICK.bin**」（RED版の場合）を選択します（**図2-10**）。

> **メ モ** 　ファイルをドロップして、選択することもできます。

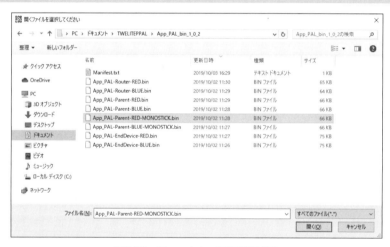

図2-10　ファームウェアを選択する

[4] 書き込み完了まで待つ

　ファイルを選択すると、即座に書き込みがはじまるので、しばらく待ちます。

　画面が次のようになれば、書き込み完了です。

　1行目に、

```
!INF MONO WIRELESS APP_PAL(Parent) V1-00-2
```

のように、「**APP_PAL(Parent)**」という行が表示されたことを確認してください（V1-00-2はバージョン番号なので、違う値のこともあります）（**図2-11**）。

図2-11　書き込み完了

■MacにMONOSTICKをセットアップする

次に、**Macの場合**のセットアップ方法を説明します。

Macの場合は、GUIの書き込みツールがないので、Python製のツールを使います。

> **メモ**　操作手順については、公式のhttps://mwx.twelite.info/install_n_build/runtheact/tweterm.py も参考にしてください。

●必要なライブラリのセットアップ

ツールを使うには、「Python」およびいくつかのライブラリが必要です。

次のようにインストールします。

手　順　Mac環境にTWELITEの利用に必要な環境一式をインストールする

[1]　Homebrewのインストール

インストールにはいくつかの方法がありますが、ここでは、パッケージマネージャの「Homebrew」というソフトを使います。

macOSのターミナルから、次のように入力します。

> **メモ**　開発ツールを使うのがはじめての場合、Xcodeコマンドラインツールをダウンロードしてインストールするので、しばらく時間がかかりのます。

```
$ /usr/bin/ruby -e "$(curl -fsSL https://raw.githubusercontent.com/
Homebrew/install/master/install)"
```

[2]　Python 3のインストール

次にPythonをインストールします。

```
$ brew install python3
```

[3]　libusb

USBを使うためのlibusbライブラリをインストールします。

```
$ brew install libusb
```

[4]　pyserialとpyftdi

Pythonでシリアル通信するためのpyserialと、FTDIデバイスを操作するためのpyftdiをインストールします。

```
$ pip3 install pyserial
$ pip3 install pyftdi
```

●書き込みスクリプトのダウンロードと設定

次に、書き込みプログラムの本体である「**tweterm.py**」を入手します。

手　順　tweterm.pyの入手と設定

[1]　TWELITE SDKの入手

このプログラムは、「TWELITE SDK」に含まれています。下記からMacOS版をダウンロードしてください（**図2-12**）。

ダウンロードしたら展開して、適当なフォルダに置いてください。以下、インストールしたフォルダを「**${TWELITESDK}**」で示します。

【TWELITE SDK】

https://mono-wireless.com/jp/products/TWE-NET/

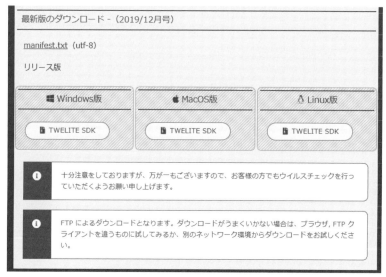

図2-12　TWELITE SDKのダウンロード

[2] 実行権限を与える

プログラムは、「${TWELITESDK}/Tools/tweprog_py/tweterm.py」としてインストールされます。

このプログラムに、実行権限を設定します。

```
$ chmod +x ${TWELITESDK}/Tools/tweprog_py/tweterm.py
```

[3] 実行パスの設定

tweterm.pyと入力するだけで実行できるよう、パスを設定しておきます。

```
$ PATH=${TWELITESDK}/Tools/tweprog_py:$PATH
```

[4] USB ドライバのアンロード

既定のUSB ドライバと「**libusb**」が競合するため、FTDI関連のドライバをアンロードします。

```
$ sudo kextunload -b com.apple.driver.AppleUSBFTDI
```

●MONOSTICK の装着とシリアルポートの確認

以上で準備完了です。

MONOSTICKを USBポートに装着してください。

そして「tweterm.py」を実行しましょう。

次のように、USBポートに装着されている TWELITEや MONOSTICKが表示されます。

```
$ tweterm.py
Available interfaces:
  ftdi://ftdi:232:MW3WKLRN//1      (MONISTICK)

Please specift the USB device
```

表示された "ftdi://ftdi:232:MW3WKLRN//1" が、「**デバイスのURL**」です。

これは環境に依存する番号（名前）ですから、皆さんが実際に実行すると、これ以外の名前になるはずです。

これとは別に、シリアルデバイスとして、「/dev/ttyUSB0」「/dev/ttyUSB1」…というデバイスができているので確認しておきましょう。

データ通信するときは、この名前を使います（詳しくは、**次章**で説明します）。

```
$ ls /dev/ttyusb*
/dev/ttyUSB0
```

●パルアプリの書き込み

次に、パルアプリを書き込みます。

Windowsの場合と同様に、パルアプリをダウンロードし、適当なフォルダに展開してください。

【パルアプリ　ダウンロードページ】

https://mono-wireless.com/jp/products/TWE-APPS/App_pal/download.html

MONOSTICKがBLUE版かRED版かによって、それぞれ「App_PAL-Parent-BLUE-MONOSTICK.bin」と、「App_PAL-Parent-RED-MONOSTICK.bin」を使います。

これまで準備してきたtweterm.pyコマンドを使って、次のようにすると、MONOSTICKのプログラムを書き換えられます。

```
$ tweterm.py -p ftdi://ftdi:232:MW3WKLRN//1 -b 115200 -F App_PAL-Parent-
BLUE-MONOSTICK.bin
```

指定しているオプションは、**表2-4**の通りです。
「-p」オプションでは、先に確認しておいたデバイスのURLを指定します。

> **メモ**　すべてのオプションについては、
> https://sdk.twelite.info/twelite-sdkno/fumuua/tweterm.py
> を参照してください。

表2-4　tweterm.pyの主なオプション

-p	デバイスを指定します。ひとつしか接続されていないときは、「ftdi:///1」と省略表記できます
-b	ボーレートを設定します。115200を指定してください
-F	書き込みたいファームのファイルを指定します。

実行すると、書き込み後にターミナルが動作します。
終了するには[Ctrl]＋[C]キーを押します。
すると、

```
*** r:reset i:+++ A:ASCFMT B:BINFMT x:exit>
```

というプロンプトが表示されるので、[x]キーを押すと終了します。

■「Raspberry Pi」にMONOSTICKをセットアップする

最後に、「Raspberry Pi」で使う方法を説明します。

「Raspberry Pi」ではPython製のツールを使って書き込むため、セットアップ方法は、MacOSに似ています。

●必要なライブラリのセットアップ

ツールを使うには、Pythonおよびいくつかのライブラリが必要です。

ターミナルから、次のコマンドを入力してインストールします。

```
$ sudo apt-get update
$ sudo apt-get install libusb-dev
$ sudo apt-get install python3-pip
$ pip3 install pyserial
$ pip3 install pyftdi
```

●書き込みスクリプトのダウンロードと設定

次に、書き込みプログラムの本体である「tweterm.py」を入手します。

手 順 tweterm.pyの入手と設定

[1] TWELITE SDKの入手

このプログラムは、「TWELITE SDK」に含まれています。

下記から、Linux版をダウンロードしてください。ダウンロードしたら展開して、適当なフォルダに置いてください(前掲の**図2-12**を参照)。

【TWELITE SDK】

https://mono-wireless.com/jp/products/TWE-NET/

コマンドでダウンロードするなら、次のようにします。

> **メ モ** 「201912-2.tgz」は、バージョンによって異なります。
> TWELITE SDKのページで、Linux版ダウンロードのリンクから、URLを確認しておきましょう。

```
$ wget https://mono-wireless.com/download/SDK/MWSDK_201912/MWSDK_MWX_
Linux64_201912-2.tgz
```

ダウンロードしたら、次のようにして展開できます。

```
$ tar xzvf MWSDK_MWX_Linux64_201912-2.tgz
```

以下、インストールしたフォルダを「${TWELITESDK}」で示します。

[2] 実行権限を与える

プログラムは、「${TWELITESDK}/Tools/tweprog_py/tweterm.py」としてインストールされます。

このプログラムに、実行権限を設定します。

```
$ chmod +x ${TWELITESDK}/Tools/tweprog_py/tweterm.py
```

[3] 実行パスの設定

tweterm.pyと入力するだけで実行できるよう、パスを設定しておきます。

```
$ PATH=${TWELITESDK}/Tools/tweprog_py:$PATH
```

> **メ モ** 「Raspberry Pi」の場合、MacOSで必要であったUSBドライバのアンロード手順は、必要ありません。

● MONOSTICKの装着とシリアルポートの確認

以上で準備完了です。

MONOSTICKをUSBポートに装着してください。

やり方は、**MacOSの場合**と同じです。

「tweterm.py」を実行すると、USBポートに接続されているTWELITEやMONOSTICKが表示されます。

```
$ tweterm.py
Available interfaces:
  ftdi://ftdi:232:MW3WKLRN/1    (MONOSTICK)

Please specify the USB device
```

MacOSの場合と同様に、"/dev/tty.USB0"が作られます。こちらも確認しておきましょう。

●パルアプリの書き込み

パルアプリの使い方は、Macの場合と同じなので省略します。

p.29を参照してください。

2-4　「TWELITE PAL」をセットアップする

次に、センサーやデバイスが搭載されている「TWELITE PAL」をセットアップしましょう。

モノワイヤレス社のマニュアルにも記載されていますが、「BLUE PALまたはRED PAL」と「SENSE PALまたはCONTROL PAL」をハメこんで、それからコイン電池を装着します。
「コイン電池」の向きを間違えないようにしてください。
「＋」が表面です（図2-13）。

図2-13　「コイン電池」を装着する

2-5　「TWELITE PAL」からのデータを参照する

「TWELITE PAL」に「コイン電池」を入れると、その時点から、「SENSE PAL」や「CONTROL PAL」の状態が、定期的に電波として送信されます。

これはMONOSTICKで受信することができ、シリアルデータとして取得できます。

> **メモ**　デフォルトでは、1分ごとに送信されます。
> この間隔を変更したいのなら、「TWELITE R」を使って「TWELITE PAL」と接続し、インタラクティブモードで操作して変更します。インタラクティブモードについては、**「Appendix A TWELITE PALの設定を変更する」**で説明します。

■Windowsでデータを受信する

Windowsの場合、実は、プログラムを書き込むときに使ったTWELITEプログラマ（TWE-Programmer.exe）にシリアルデータの表示機能があり、「TWELITE PAL」の電源を入れると、**図2-14**のように「ターミナル」の部分に、ピンク色の文字で、刻々と表示されます。

この1行分が、「TWELITE PAL」から送信されたデータです。
「開閉センサーパル」であれば、「磁気の状態」が、「環境センサーパル」であれば、「温度・湿度・照度のデータ」が、ここに含まれています（データの読み方は、次章で説明します）。

> **メモ**　ピンク色の文字が表示されないときは、[TWELITEのリセット]ボタンをクリックして、TWELITEに再接続してください。

> **メモ**　既定では、1分に1回、ゆるやかに呼び出されます。
> しかし「TWELITE PAL」の小さなボタンを押すと、すぐに呼び出してくれます。
> そのため、開発中にデータが来るまで待つ必要がなく、効率的に開発できます。

図2-14　TWELITE プログラマでデータを表示したところ

> **メモ**　TWELITE プログラマ以外で、データを確認することもできます。
> たとえば、「Tera Term」などのターミナルソフトを使っても確認できます。

またWindows標準機能として、コマンドプロンプトから、「**copy コマンド**」を使うことでも確認できます。

■「Mac」や「Raspberry Pi」でデータを受信する

「**Mac**」や「**Raspberry Pi**」の場合は、パルアプリを書き込むときに使った、「tweterm.py」を使って確認します。

次のようにすると、画面に、「TWELITE PAL」のデータが刻々と表示されます（**図2-15**）。

```
$ tweterm.py -p ftdi:///1 -b 115200
```

ここでは、デバイス名(-pオプション)に「ftdi:///1」を指定してします。

1台しかMONOSTICKを接続していないときは、この表記が使えます。

2台以上のMONOSTICKを接続する場合（あまりないとは思いますが）は、引数なしで実行して表示されるデバイス名（たとえば、ftdi://ftdi:232:MW3WKLRN//1 など）を指定してください。

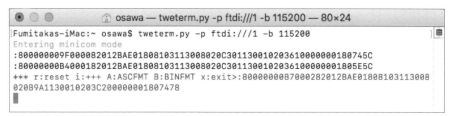

図2-15　データを受信したところ

終了するには、[Ctrl]＋[C]キーを押してください。
すると、

```
*** r:reset i:+++ A:ASCFMT B:BINFMT x:exit>
```

というプロンプトが表示されるので、[x]キーを押すと終了します。

> **メモ**　MacやRaspberry Piでは、「screenコマンド」を使う方法もあります。

2-6　複数台のTWELITE PALを同時に使うとき

　複数台のTWELITE PALを使うとき、そのまま使うと、「どのTWELITE PALのセンサーデータなのか」が分からなくなってしまいます。

　そこでTWELITE PALでは、「**論理デバイスID**」と呼ばれる値を、それぞれのTWELITE PALに設定することで、識別できるようにしています。
　この値は、この章で見た、シリアル送信データのなかに含まれます。
（より詳しくは、「**3-5　TWELITE PALを使った電子工作の例**」で説明します。）

　論理デバイスIDの設定方法は、2つあります。

①ディップスイッチで設定する
　「BLUE PAL」「RED PAL」には、ディップスイッチがあります。
　このディップスイッチの**左から3つ分**（ビット0～ビット2）で、論理IDを設定できます（一番右は、「将来のための予約」です）（**図2-16**）。

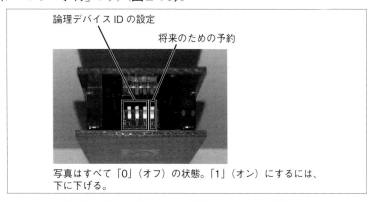

図2-16　ディップスイッチで論理デバイスIDを設定する

論理デバイスIDは、「ここで設定する値に"**1**"を加えたもの」となります。

たとえば、左から「000」を設定したなら「1」、「100」を設定したら「2」となり、「111」なら「8」です。

> **メ　モ**　ディップスイッチは、電源を入れたまま変更しないでください。（電源を入れたまま変更しても反映されません。この値は、電源投入時に参照されているためです）。

②インタラクティブモードで設定する

「8台以上」のTWELITE PALを同時に使いたいときは、TWELITE PALにTWELITE Rを接続してパソコンとつなぎ、パソコンから「インタラクティブモード」と呼ばれる設定モードに移行して、「TWELITE PALの設定値」（ROM内の設定値）を変更します。

具体的な手順については、「**Appendix A　TWELITE PALの設定を変更する**」で説明します。

2-7　まとめ

画面で見たように、TWELITE PALから送られるデータは、次のようなものです。

「開閉センサーパル」なら、ここに「マグネットセンサーのオン・オフ」の情報が、「環境センサーパル」なら、「温度・湿度・照度」が、「動作センサーパル」なら、「傾きや加速度」の情報が、この数値の羅列に入っています。

では、この数値の意味は、どのようなもので、どの箇所が、TWELITE PALの、どのデータに相当しているのでしょうか。次章で見ていきましょう。

「TWELITE PAL」を制御する

> TWELITEはシリアルで通信します。
> この章では、「TWELITE PAL」から送信されるデータの構造と、「Python」
> を使ってTWELITE PALのセンサーのデータを取得する方法を説明します。

3-1 「TWELITE PAL」から送信されるデータの意味

　前章で見てきたように、パソコン（または「Raspberry Pi」、以下同じ）に「MONOSTICK」
を取り付け、「TWELITE PAL」の電池を入れると、TWELITE PALの各種センサーの値が、
1分ごとに、数字で構成される文字列として送信されることがわかりました。

　たとえば、次のような値です。

【開閉センサーパル】

```
:80000000C3000082012BAE05808103113008020C1C1130010202D600000001800840
```

【環境センサーパル】

```
:80000000CF0001820120D302808205113008020C0811300102043D050100020B8E010200
0210DF02030004000000185F38
```

【動作センサーパル】

```
:80000000A80001810B0FBE018083121130080200BFE11300102040DF15040006FD08FE9803
7015040106FDB0FE98040015040206FE98FF50040015040306FEE0FEF8042015040406FEB
0FF2003F015040506FEF0FF28035815040606FEA8FFA003B815040706FF10FF7003281504
0806FE88FF60038015040906FEA8FF60038815040A06FE80FF1003D015040B06FE60FEA00
3A815040C06FE68FF58035815040D06FEC0FF8803A815040E06FEC8FF5003E815040F06FF
38FEF803E8A7B0
```

この値は、いったい、どのような意味なのでしょうか？

■ 「TWELITE PAL」のデータ構造

「TWELITE PAL」のデータ構造は、下記のURLに示されています。

【TWELITE PAL 親機の使用方法】

https://mono-wireless.com/jp/products/TWE-APPS/App_pal/parent.html

文字列の先頭が「:」で始まり、それぞれの項目値を16進数で示した文字列です。
16進数の値は、特に明記しない限り、「ビッグエディアン」です。

また、行末は「CR (0x0D)」「LF (0x0A)」です。
開閉センサーパルを例に、データの構造を整理したものを**図3-1**に図示します。

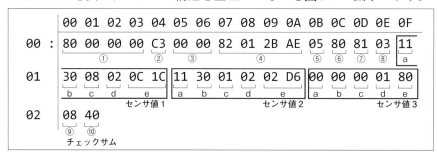

図3-1　「TWELITE PAL」のデータ構造（開閉センサーパルの場合の例）

■ ヘッダ部分

先頭から15バイト目(00～0E)は、どの「SENSE PAL」でも共通のデータで、**表3-1**の意味をもつデータです。

表3-1　ヘッダ部分のデータの意味

図3-1の番号	位　置	意　味	解　説
①	0x00～0x03	中継器のSID	中継器を経由している場合、中継したTWELITEのSIDです。中継されていないときは0が設定されます
②	0x04	LQI	電波強度。(LQI×7 - 1970.0) / 20.0が、dBm値
③	0x05～0x06	シーケンス番号	1から始まる順序番号。65535まで進むと0に戻る連番
④	0x07～0x0A	子機のSID	電波の送信元のTWELITEのSID
⑤	0x0B	子機の論理デバイスID	「TWELITE PAL」に設定した論理デバイスID。「TWELITE PAL」のディップスイッチで設定した値またはインタラクティブモードで設定した値

図3-1の番号	位　置	意　味	解　説
⑥	0x0C	センサー種別	「TWELITE PAL」の場合は、0x80で固定
⑦	0x0D	基板バージョンおよびPAL基板ID	下位5ビットは、接続されているPALの種類。未接続＝0x00、開閉センサーパル＝0x01、環境センサーパル＝0x02、動作センサーパル＝0x03 上記3ビットは、PAL基板バージョン（ビット7がLSB。 つまり順序が逆。 たとえば110なら、逆順に011とし、バージョン3を示す）
⑧	0x0E	センサーデータの数	後続するセンサーデータの数

コラム　SID

「SID」は32ビット表記の個体識別番号です。
TWELITEパッケージのシリアル番号に「0x80000000」を加えた値です。

コラム　中継器

　TWELITEは、「中継器」となるプログラムを書き込むことで、「子機・親機間」のデータの中継をして送信距離を伸ばすことができます。
　中継器は、TWELITEでも作れますが、「中継器プログラムを書き込んだMONOSTICK」と「スマホなどで使うUSB充電器」で構成するのが簡単です。

　詳細については、姉妹書「TWELITEではじめるセンサー電子工作」や下記のページを参考にしてください。

【TWELITE中継器】
https://mono-wireless.com/jp/products/MoNoStick/repeater.html

■ センサー値部分

　続いて、センサーの値が続きます。
　センサーの構造は、**表3-2**に示す通りです。

　このセンサーの値が、ヘッダ部分の「0x0E」（図中⑧）に格納されている「センサーの数」だけ、続きます。

　注意したいのは、「電池電圧」「ADC1」「TWELITE PAL上のボタンを押したかどうか」も、

こうしたセンサーの値として含まれるという点です。

　たとえば、開閉センサーパルは、磁気センサーしか搭載していませんが、**図3-1**に示したように、「電源値」「ADC1の値」「磁気センサーの値」の3つのセンサー値があります。

表3-2　センサー値のデータの意味

図3-1の番号	位　置	意　味	解　説		
			ビット位置	意　味	
			7	読み込みエラーの有無	
			6	-	
			5	-	
a	0x00	各種情報ビット値	4	拡張バイトの有無	
			3		
			2	符号あり、もしくは可変長のときは1	
			1、0	データ型。00=char（1バイト）01=short（2バイト）10=long（4バイト）11=可変長	
b	0x01	データソース	センサーの種類。後述の**表3-7**を参照。		
c	0x02	拡張バイト	拡張データが含まれる。		
d	0x03	データ長	後続するeの部分のデータ長		
e	0x04〜	データ	センサーの実データ。長さはセンサーによって異なる。		

　「d」や「e」のセンサー部分は、センサーの種類によって異なります。

　表3-3に、それぞれのセンサーにおける値の意味を示します。

表3-3　センサーの値の意味

【磁気】

図3-1の番号	位　置	意　味	解　説	数値例	内　容
a	0x00	各種情報ビット値		0x00	符号なしchar、拡張バイトなし
b	0x01	データソース		0x00	磁気センサー
c	0x02	拡張バイト		0x00	無し
d	0x03	データ長		0x01	1バイト
e	0x04	データ	0x00=近くに磁石がない 0x01=N極が近い 0x02=S極が近い 0x80=定期送信（このビットが1でない場合は、磁石までの距離が変化したことを示す）	0x80	近くに磁石がないときの定期送信

【湿度】

図3-1の番号	位　置	意　味	解　説	数値例	内　容
a	0x00	各種情報ビット値		0x01	符号なしshort、拡張バイトなし
b	0x01	データソース		0x02	湿度
c	0x02	拡張バイト		0x00	無し
d	0x03	データ長		0x01	2バイト
e	0x04、0x05	データ	湿度の100倍（パーセンテージ）	0x10DF	43.19%

【照度】

図3-1の番号	位　置	意　味	解　説	数値例	内　容
a	0x00	各種情報ビット値		0x02	符号なしlong、拡張バイトなし
b	0x01	データソース		0x03	照度
c	0x02	拡張バイト		0x00	無し
d	0x03	データ長		0x04	4バイト
e	0x04〜0x07	データ	照度（ルクス）	0x00000018	24ルクス

【加速度】

図3-1の番号	位　置	意　味	解　説	数値例	内　容
a	0x00	各種情報ビット値		0x15	符号ありshort、拡張バイトあり
b	0x01	データソース		0x04	加速度
c	0x02	拡張バイト	ビット位置 意味 7〜5 サンプリング周波数。 0=25Hz 1=50Hz 2=100Hz 3=190Hz 4〜0 サンプリング番号。 0 がもっとも古く、31 がもっとも新しい	0x00	サンプリング周波数：25Hz 0サンプル目のデータ
d	0x03	データ長		0x06	6バイト（2バイト*3）
e	0x04〜0x09	データ	X軸、Y軸、Z軸の順で、それぞれの重力加速度（mg）	0xFD08FE980370	X軸：-760mg Y軸：-360mg Z軸：880mg

【電圧】

図3-1の番号	位　置	意　味	解　説	数値例	内　容
a	0x00	各種情報 ビット値		0x11	符号なしchar、拡張バイトあり
b	0x01	データソース		0x30	電圧
c	0x02	拡張バイト	何の電圧かを示す値。 0x01=ADC1、 0x02=ADC2、 0x03=ADC3、 0x04=ADC4、 0x08=電源電圧	0x80	電源電圧
d	0x03	データ長		0x02	2バイト
e	0x04	データ	電圧(mV)	0x0C1C	3100mV

■ チェックサム

センサー値データに続き、最後に2つのチェックサムが続きます。

・チェックサム（図3-1の⑨）

これより前の部分（センサー値データの最後まで）のCRC8方式によるチェックサムです。

・チェックサム2（図3-1の⑩）

これよりも前の部分（チェックサムの部分まで）の各バイトの和を8ビット幅で計算し、その2の補数をとった値。

チェックサムは、通信中にデータの欠落や化けが発生していないかを確認する目的で使います。

実際に確認するには、**チェックサム2（図3-1の⑩）**を使うのが簡単です。

「チェックサム2より前」までを全部8ビット幅で足した値に、「チェックサム2の値」を加えたとき、それが「0になるかどうか」で、エラーが発生していないかを確認できます。

3-2　Pythonを使ってセンサー値を取得する

図3-1に示したように、この文字列を切り分けて数値化することで、センサーの値を取り出せますが、実際に実装するのは、意外とたいへんです。

センサーデータ値は複数あり、可変長であるためです。
そこで処理には、何らかのライブラリを使うのがよいでしょう。

モノワイヤレス社は、下記のURLで、「**パルスクリプト**」という名前のPythonで書かれたサンプルを提供しています。
このサンプルに含まれるライブラリを使うと、簡単に実装できます。

そこで本書では、このライブラリを使って、「TWELITE PAL」を操作していきます。

【パルスクリプト】

> https://mono-wireless.com/jp/products/TWE-APPS/App_pal/palscript.html

■ Pythonのインストールと設定

パルスクリプトは、Pythonのプログラムなので、Pythonの実行環境が必要です。
「MacOS」や「Linux」の場合は、「**2-3　MONOSTICKをセットアップする**」の手順でPythonをインストールしているはずなので、その手順通りに進めていれば、追加の手順はありません。

「Windows」の場合は、Pythonをまだインストールしていないので、次の手順でインストールしてください。

> **メモ**　WindowsにPythonをインストールする場合、①Python公式からインストールする方法と、②Anaconda（アナコンダ）と呼ばれるパッケージ管理ツールを含むものをインストールする方法、とがあります。
> ここでは、①のPython公式からインストールする方法を説明します。

手 順　Windows環境にPythonをインストールする

[1]　Pythonのダウンロード
Python公式ページのダウンロードページにアクセスし、インストーラをダウンロードします（**図3-2**）。

【Python公式のダウンロードページ】

> https://www.python.org/downloads/

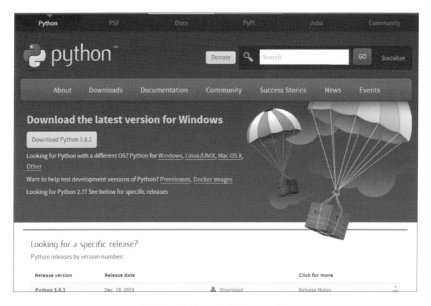

図3-2 Pythonのダウンロード

[2] Pythonをインストールする

ダウンロードしたファイルを実行してインストールします。

このとき、[Add Python 3.8 to PATH]にチェックを付けるようにします(デフォルトでは付いていません)。

そうすることで、コマンドプロンプトから「python」と入力するだけで、Pythonを起動できるようになります(**図3-3**)。

図3-3 Pythonをインストールする([Add Python 3.8 to PATH]にチェックを付ける)

[3] Pythonの確認

コマンドプロンプトを起動し、Pythonが実行できるかどうかを確認します。

```
python --version
```

と入力したとき、バージョン番号が表示されれば、正しくインストールできています（**図3-4**）（実際のバージョン番号は、インストールしたバージョンによって異なります）。

図3-4　コマンドプロンプトで「python -v」を実行し、バージョン番号を確認する

[4] シリアルのライブラリをインストールする

Pythonでシリアル通信するため、pyserialをインストールします。コマンドプロンプトで、次のように入力してください。

```
pip install pyserial
```

3-3　パルスクリプトの入手とサンプルの実行

「Pythonの準備」ができたら、パルスクリプトを入手しましょう。

以下では、Windowsの画面で説明しますが、MacOSやLinuxの場合も同様です。

■ パルスクリプトの入手

下記のサイトにダウンロードリンクがあるので、パルスクリプト本体をダウンロードします（**図3-5**）。

【パルスクリプト】

https://mono-wireless.com/jp/products/TWE-APPS/App_pal/palscript.html

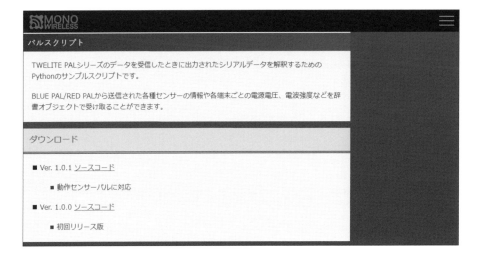

図3-5　パルスクリプトのダウンロード

パルスクリプトは、ZIP形式ファイルとしてダウンロードできます。

適当なフォルダに展開してください（**図3-6**）。

図3-6　パルスクリプトの中身

・PAL_Script.py

パルスクリプトの本体（サンプルプログラム）です。

・MNLib

「TWELITE PAL」をPythonから操作するときのライブラリです。

・.vscode

Visual Studio Codeでソースコードを編集する際の、設定ファイルです(実行には必要ありません)。

■ パルスクリプトの実行

ダウンロードして実行したら、パルスクリプトを実行してみましょう。

「PAL_Script.py」が存在するフォルダをカレントフォルダにしたあと(コマンドプロンプトやシェルのcdコマンドで、そのフォルダに移動したあと)、次のようにして起動します。

```
python PAL_Script.py オプション…
```

指定できるオプションは、**表3-4**の通りです。

表3-4　パルスクリプトのオプション

オプション	意 味
-tまたは --target	シリアルポート名。 デフォルトは、Windows環境ではCOM3、MacOSやRaspberry Piでは /dev/ttyUSB0
-bまたは --boud	通信速度(ボーレート)。デフォルトは115200
-sまたは --serialmode	通信モード。AsciiかBinary。デフォルトはAscii
-lまたは --log	ログ出力するかどうか。デフォルトはしない
-eまたは --errormessage	エラー出力するかどうか。デフォルトはしない

基本的には、MONOSTICKをパソコン(またはRaspberry Pi)に装着し、「-t」(もしくは --target)だけ指定すれば十分です。

たとえば、「Windows」で「COM3」の場合は、次のように実行します。

> **メモ**
> ここで使うMONOSTICKは、**第2章**で説明したように、事前にパルアプリ(App_PAL)に入れ替えておきます。

```
python PAL_Script.py -t COM3
```

MacOSやRaspbery Piで、/dev/ttyUSB0であれば、次のように実行します。

```
python PAL_Script.py -t /dev/ttyUSB0
```

> **メモ**　「COM3」や「/dev/ttyUSB0」はデフォルト値なので、「-t」オプション自体を省略しても動きます。

　そうして実行した状態で、「TWELITE PAL」にコイン電池を入れると、1分ごとに、「TWELITE PAL」のセンサーの値が表示されます（**図3-7**）。

> **メモ**　「TWELITE PAL」の押しボタンを押すと、1分経たなくても、即座にデータが送信されます。またMONOSTICKに「TWELITE PAL」からの無線データが届いたときは、一瞬、LEDが黄色く光ります。

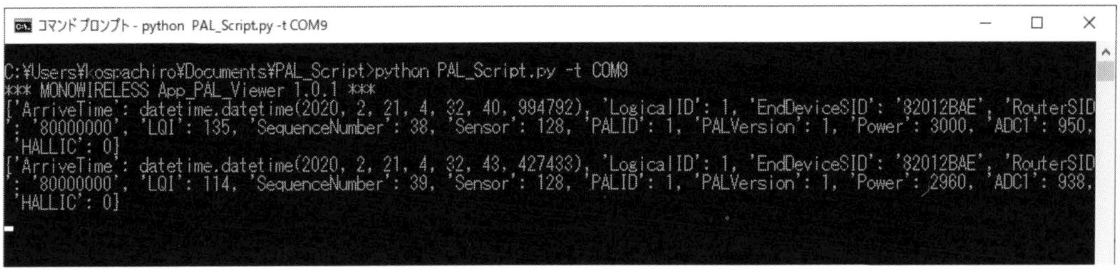

図3-7　パルスクリプトを実行したところ

コラム　**ログ出力とエラー出力**

　ログ出力（-lまたは--log）を指定すると、カレントフォルダの「アプリ名_子機のSID_PAL_yyyymmdd.csv」（yyyy＝西暦、mm＝月、dd＝日）というファイル名に、受信したセンサーのデータが、CSV形式で出力されます（ファイルが存在するときは追記されます）。

　エラー出力（-eまたは--errormessage）を指定すると、何らかのエラーが発生したときに、そのエラーメッセージを画面に出力します。

<table>
<tr><td>**3-4**</td><td>**ライブラリを使った自作プログラム**</td></tr>
</table>

パルスクリプトを参考にすれば、「TWELITE PAL」のセンサー値を読み取るアプリを簡単に作れます。

実際に、作ってみましょう。

■「TWELITE PAL」のセンサー値を読み取る簡単なサンプル

いま実行したパルスクリプト（PAL_Script.py）を参考に、本当に必要な部分だけを記したサンプルを、**リスト3-1**に示します。

これが、「TWELITE PAL」を操作する、基礎となるコードです。

> **メモ** Pythonのプログラムは、文字コードを「UTF-8」として保存してください。以下、本書では明記しませんが、同様です。

リスト3-1 「TWELITE PAL」を扱う基礎的なコード

```python
# ①ライブラリの読み込み
import sys
sys.path.append('./MNLib/')
from apppal import AppPAL

# ②COMポート
port = 'COM3'

# ③PALオブジェクトの生成
PAL = AppPAL(port = port)

# ④データの取得
while True:
  # データが届いているか
  if PAL.ReadSensorData():
    # 届いているなら、値を取得して表示
    data = PAL.GetDataDict()
    print(data)

# ⑤オブジェクトの破棄
del PAL
```

プログラム解説 「TWELITE PAL」を扱う基礎的なコード
....
①ライブラリの読み込み

「TWELITE PAL」から送信されてきた文字列を切り出して数値に変換するライブラリ群を読み込みます。パルスクリプトに含まれているMNLibフォルダ以下のファイルを使います。

そのなかの「AppPAL」というクラスを読み込みます。

```
#  ①ライブラリの読み込み
import sys
sys.path.append('./MNLib/')
from apppal import AppPAL
```

②COMポートの定義

COMポートを定義します。ここでは「COM3」としましたが、MacOSやRaspberry Pi環境のときは、「/dev/ttyUSB0」などを指定してください。

```
port = 'COM3'
```

③AppPALオブジェクトの生成

ライブラリに含まれているAppPALオブジェクトを作ります。シリアルからのデータ受信やデータが届いたときの文字列から数値への変換などは、このAppPALオブジェクトを使って処理できます。

```
PAL = AppPAL(port = port)
```

AppPALのコンストラクタには、次の値を指定できます(**表3-5**)。
ここではportしか設定していませんが、ほかの項目も必要に応じて設定してください。

表3-5　AppPalコンストラクタに指定できる値

引　数	意　味	デフォルト値
port	シリアルポート名	なし
baud	ボーレート	115200
tout	タイムアウト(秒)	0.1
sformat	シリアルフォーマット。AsciiかBinaryのいずれか	Ascii
autolog	ログ出力するか	False
err	エラー出力するか	False

④データの取得

データを取得します。
データが届いているかどうかは、「ReadSensorDataメソッド」で確認できます。

```
if PAL.ReadSensorData():
    #  データが届いた
```

届いていたら、データを受信します。
「GetDataDictメソッド」を使うと、すでに実行結果の**図3-7**に示したのと同じ「TWELITE

PAL」の状態を、ひとつの辞書型に設定した値として取得できます。

```
data = PAL.GetDataDict()
print(data)
```

⑤オブジェクトの破棄

最後に、操作に使ったAppPALオブジェクトを破棄します。

```
del PAL
```

■「TWELITE PAL」の値の意味

App_PALオブジェクトのGetDataDictメソッドの実行結果は、次のように、キーに対して、各種の値が格納された辞書型のオブジェクト構造をしています。

```
{'ArriveTime': datetime.datetime(2020, 2, 21, 4, 31, 18, 945334),
 'LogicalID': 1, 'EndDeviceSID': '82012BAE', 'RouterSID': '80000000',
 'LQI': 189, 'SequenceNumber': 36, 'Sensor': 128, 'PALID': 1,
 'PALVersion': 1, 'Power': 2990, 'ADC1': 1087, 'HALLIC': 0}
```

それぞれのキーの意味は、**表3-6**の通りです。

> **メモ**　このライブラリは、パルアプリ（App_PAL）以外にも、無線タグアプリ（App_Tag。TWELITE 2525Aに工場出荷時にインストールされているアプリ）にも対応しています。
> その場合、キーの値が若干異なりますが、本書での解説は省きます。

表3-6　GetDataDictメソッドで取得したデータの構造（App_PALの場合）

キー	センサーの種類	意　味
ArriveTime	すべて	データの到来時刻
LogicalID	すべて	送信元のTWELITEの論理デバイスID
EndDeviceSID	すべて	宛先のTWELITEのSID
RouterSID	すべて	中継したTWELITEのSID。中継していないときは、0x80000000
LQI	すべて	電波強度。(LQI×7 - 1970.0) / 20.0が、dBm値
SequenceNumber	すべて	シーケンス番号。1から始まる順序番号。65535まで進むと0に戻る連番
Sensor	すべて	センサーの種別を示すID（**表3-7**）

キー	センサーの種類	意 味
PALID	すべて	「TWELITE PAL」に設定した論理デバイスID。「TWELITE PAL」のディップスイッチで設定した値もしくはインタラクティブモードで設定した値
PALVersion	すべて	PALアプリのバージョン番号
Power	すべて	電源電圧(ミリボルト)
ADC1	すべて	A/Dコンバータにかかっている電圧(ミリボルト)
DIO	すべて	「TWELITE PAL」のデジタル出力の状態(状態が変化したときのみ)。「1」でLOWを示す
HALLIC	開閉センサーパル	磁気センサーの状態。下位7ビットが0ならオフ、1=オン(N極)、2=オン(S極)7ビット目は定期送信かどうかを示すフラグ。このビットが1でないときは、磁石までの距離が変化したことを示す
Temperature	環境センサーパル	温度(摂氏)
Humidity	環境センサーパル	湿度(パーセント)
Pressure	環境センサーパル	気圧(hPa)
Illuminance	環境センサーパル	照度(ルクス)
AccelerationX	動作センサーパル	(加速度センサーのみ)X軸加速度(g)
AccelerationY	動作センサーパル	(加速度センサーのみ)Y軸加速度(g)
AccelerationZ	動作センサーパル	(加速度センサーのみ)Z軸加速度(g)

表3-7 センサーID

値	センサーの文字列	センサーの種類
0x00	HALLIC	磁気センサー
0x01	Temperature	温度センサー
0x02	Humidity	湿度センサー
0x03	Illuminance	照度センサー
0x04	Acceleration	加速度センサー
0x30	ADC	ADコンバータ
0x31	DIO	デジタルIO
0x32	EEPROM	EEPROM
その他	Unknown	不明

● 値を見やすく表示する

AppPALオブジェクトには、**表3-8**に示すメソッドがあります。

ShowSensorDataメソッドを使うと、センサーの値を画面にわかりすく表示できます。

【変更前】

```
data = PAL.GetDataDict()
print(data)
```

【変更後】

```
PAL.ShowSensorData()
```

すると画面に、もっとわかりやすく表示されます。

それぞれの「**SENSE PAL**」に対応する出力を、以下に説明します。

表3-8　AppPALオブジェクトのメソッド

メソッド	意　味
ReadSensorData	センサーデータを取得する
GetDataDict	ReadSensorDataで取得したセンサーデータを辞書型のオブジェクトとして返す
CreateOutputList	受信データを見やすい文字列のリストに変換する
ShowSensorData	センサーの各種データ（ReadSensorData）で取得した値を、見やすく画面に表示する
GetSensorName	センサー名を取得する
EnableAutoLog	自動ログ機能を有効にする
DisableAutoLog	自動ログ機能を無効にする
FileOpen	ログを書き込むファイルを開く
OutputCSV	受信データをCSVファイルとして値を書き出す

・開閉パルの場合

「開閉パル」の場合、出力は、次のようになります。

「HALLIC」に、開閉状態が表示されています。

```
ArriveTime : 2020/02/21 11:32:46.403
LogicalID : 1
EndDeviceSID : 2012BAE
RouterSID : No Relay
LQI : 168 (-39.70 [dBm])
SequenceNumber : 0
Sensor : PAL
PALID : 1
PALVersion : 1
Power : 3100 [mV]
ADC1 : 931 [mV]
HALLIC : Open
```

・環境センサーパル

「環境センサーパル」であれば、次に示す出力になります。

「Temperature」「Humidity」「Illuminance」に、それぞれ、温度、湿度、照度が格納されます。

```
ArriveTime : 2020/02/21 11:34:39.056
LogicalID : 1
EndDeviceSID : 20120D3
RouterSID : No Relay
LQI : 195 (-30.25 [dBm])
SequenceNumber : 1
Sensor : PAL
PALID : 2
PALVersion : 1
Power : 2880 [mV]
ADC1 : 424 [mV]
Temperature : 25.36 [°C]
Humidity : 65.86 [%]
Illuminance : 26 [lux]
```

・動作センサーパル

「動作センサーパル」の場合は、次の通りです。

「SamplingFrequency」にサンプリング周波数が、「AccelerationX」「AccelerationY」「AccelerationZ」に、それぞれ「X軸」「Y軸」「Z軸」の加速度が設定されていることがわかります。

```
ArriveTime : 2020/02/21 11:39:52.956
LogicalID : 1
EndDeviceSID : 10B0FBE
RouterSID : No Relay
LQI : 201 (-28.15 [dBm])
SequenceNumber : 1
Sensor : PAL
PALID : 3
PALVersion : 1
Power : 3080 [mV]
ADC1 : 967 [mV]
SamplingFrequency : 25
AccelerationX : -0.600  -1.016  -0.680  -0.536  -0.408  0.008  0.264
0.456  0.440  0.528  0.096  0.024  0.024  0.280  0.288  -0.152
AccelerationY : -0.392  -0.560  -0.752  -0.552  -0.416  -0.480  -0.416
-0.424  -0.560  -0.728  -0.640  -0.664  -1.248  -0.736  0.088  0.232
AccelerationZ : 0.136  -0.104  0.384  0.624  0.664  1.024  1.456
1.232  1.312  1.272  0.584  0.656  2.040  0.872  -1.408  1.128
```

● キーの値として取得する

　これらの値は、それぞれキーに入っていますから、そのキーの値を取得すれば、それぞれ取り出せます。

・開閉センサーパル

　HALLICキーに入っているので、開閉状態は、次のようにしてわかります。

　下位7ビットなので、0x7fと論理積 (&) をとっているので注意してください。

> **メモ**　　7ビット目は、状態が変化したかどうかを示すフラグです。「0」のときは、磁石との距離が変わったことを示します。

```
data = PAL.GetDataDict()
if data.get('HALLIC') & 0x7f == 0:
  print("開")
else:
  print("閉")
```

　値は「0」で開いている（磁石が近くにない）ですが、磁石が近くにするときは「1」（N極が近い）、「2」（S極が近い）の2通りの値をとります。

　極性を気にすることは、あまりないと思いますが、引き戸に取り付けるような場合、「0」→「1」→「2」の変化か、「0」→「2」→「1」の変化かによって、引き戸の開けた向きを把握することもできます。

・環境センサーパル

　環境センサーパルは、Temperature、Humidity、Pressureの値をもっています。

　次のようにすれば、取得できます。

```
data = PAL.GetDataDict()
print("温度:{0:02f}℃".format(data.get('Temperature')))
print("湿度:{0:02f}%".format(data.get('Humidity')))
print("照度:{0:d}lux".format(data.get('Illuminance')))
```

・動作センサーパル

　動作センサーパルも同様です。

　こちらは値が配列なので、次のようにループ処理して取得します。

```
data = PAL.GetDataDict()
  for k in ['X', 'Y', 'Z']:
    print(k + "軸")
      for val in data.get('Acceleration' + k):
        print("{0:03f}g".format(val))
```

3-5 「TWELITE PAL」を使った電子工作の実例

　このように、AppPALオブジェクトを使えば、簡単にセンサーの状態を取得できます。

　「環境センサーパル」であれば、コイン電池を入れて、それぞれの部屋に置くことで、すぐにその部屋の「温度」「湿度」「照度」がわかります。

　そして開閉センサーパルを使えば、ドアの開け閉めの状態がわかります。これも難しくありません。

　ドア側に、開閉センサーパルを両面テープなどで取り付け、壁側に磁石を取り付けるだけです（図3-8、図3-9）。

図3-8　磁石は100均などに売っている

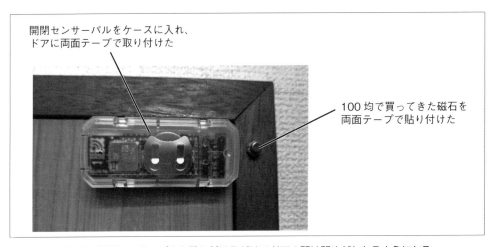

図3-9　開閉センサーパルを貼り付けるだけでドアの開け閉めがわかるようになる

■ 複数のセンサーの判定

複数の「TWELITE PAL」を同時に使うこともできますが、この場合、「どのTWELITE PALなのか」を判定する必要があるはずです。

たとえば、各部屋に環境センサーパルを置くような場合、「どの部屋の温度や湿度、照度」なのかを知りたいでしょうし、それぞれのドアに開閉センサーパルを貼り付けるのであれば、「どのドアの開け閉めがされたのか」を知りたいはずです。

このようなときは、「**2-6　複数台のTWELITE PALを同時に使うとき**」で説明したように、「TWELITE PAL」のディップスイッチを設定し（もしくはインタラクティブモードで設定し）、それぞれ、別の論理デバイスIDに設定しておきます。

ディップスイッチで設定した値は、AppPALオブジェクトから得られる結果のLogicalIDキーで取得できます。

```
print("{0:02d}".format(data['LogicalID']))
```

3-6　まとめ

この章では、「TWELITE PAL」のセンサーデータをプログラムから扱う方法について、説明しました。

シリアルポートから受信した文字列から、それぞれのセンサー値を取り出すのは本来複雑ですが、パルアプリに含まれているAppPALオブジェクトを使えば、簡単です。

次章では、ESP32を搭載した液晶付きマイコン「M5Stack」から、「TWELITE PAL」を操作する方法を説明します。

第4章

M5StackでTWELITE PALを使う

パソコンではなく、マイコンからTWELITEを操作することもできます。
その場合は、シリアル通信を使います。
この章では、液晶付きマイコン「M5Stack」から、TWELITE PALを操作
する方法を説明します。

4-1　M5StackとTWELITEを組み合わせる

TWELITEは、「シリアル通信」で制御できます。

前章では、パソコンからUSBを通じて操作しましたが、「シリアル通信の配線」をマイコン
につなげれば、マイコンからも操作できます。

世の中には、たくさんのマイコンがありますが、この章では、「ESP32」を搭載した液晶付
きマイコン「**M5Stack**」と、TWELITEを組み合わせる方法を説明します。

> **メモ**　本書では、「M5Stack」の基本的な機能については、ほとんど説明しません。M5Stack
> について知りたい場合は、拙著「**M5Stackではじめる電子工作**」などを参考にしてください。

> **メモ**　ここではM5Stackを例に説明しますが、ESP32を搭載したマイコンなら、同様の方
> 法でTWELITEと通信できます。
> また、ESP32以外でも、3.3Vのシリアル通信できるマイコンなら、プログラムは違えども、
> 同じ接続方法で通信できるはずです。

■ M5StackとTWELITEとの配線

パソコンでは、親機として「MONOSTICK」を使いましたが、M5Stackの場合は、親機と
して「**TWELITE DIP**」を使います（**図4-1**）。

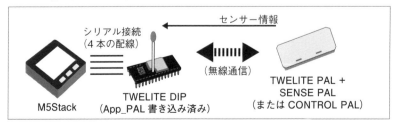

図4-1　「M5Stack+TWELITE DIP」と「TWELITE PAL」とで通信する

このとき、TWELITE DIPには、MONOSTICKを使ったときと同様に、「パルアプリ（App_PAL）」の親機のプログラムを書き込んでおかなければなりません。

TWELITE DIPにプログラムを書き込むには、「**TWELITE R**」（TWELITE R2）というモジュールを使います。

USBケーブルでパソコンとつないで、パソコンから書き込みます（**図4-2**、**図4-3**）。

図4-2 「TWELITE R」（左）と「TWELITE R2」（右）

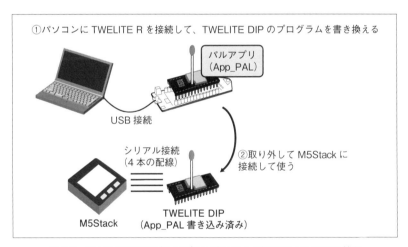

図4-3 TWELITE Rでパルアプリを書き込んだTWELITE DIPを使う

コラム TWELITE DIPの代わりにBLUE PAL/RED PALを使う

　本書では、親機としてTWELITE DIPを使いますが、BLUE PALまたはRED PALを使うこともできます。
　これらは**TWELITE DIPとピン互換**であるためです。

　ただし、TWELITE DIPのように使うときは、**コイン電池を抜いておく必要があります**。
　「BLUE PAL/RED PAL」はアンテナ内蔵であるため、TWELITE DIPのようにマッチ棒型のアンテナが飛び出ず、コンパクトに作れます。

■ TWELITE DIPにパルアプリを書き込む

では、はじめていきましょう。

まずは、TWELITE DIPにパルアプリを書き込みます。

パルアプリを書き込むには、MONOSTICKのときと同様に、「**TWELITE プログラマ**」(Windowsの場合)または「**twterm.py**」(MacOSやRaspberry Piの場合)を使います。

その詳細については、「**2-3 MONOSTICKをセットアップする**」も参考にしてください。

手 順 TWELITE DIPにパルアプリを書き込む

[1] TWELITE RにTWETLIE DIPを装着する

TWELITE RにTWELITE DIPを装着します。

> ※TWELITE Rの向きに気をつけてください。

シルク面のマークとTWELITE DIPの切り込みを合わせるようにして差し込みます(**図4-4**)。

TWELITE Rの場合は、USB電源スイッチをオン側に設定します(TWELITE R2の場合、この設定はありません)。

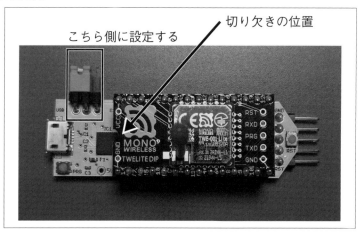

図4-4 TWELITE RにTWELITE DIPを装着する

> ### コラム ZIFソケットアタッチメント
>
> 頻繁に付け外しをする場合は、ZIFソケットを利用すると便利です(**図4-5**)。
>
>
>
> **図4-5 ZIFソケットアタッチメントを使う**

[3] パソコンとUSB接続する

USBケーブルで、TWELITE Rとパソコンを接続します。

[4] プログラムを書き込む

「2-3 MONOSTICKをセットアップする」で説明したのと同じ手順で、「パルアプリ」を書き込みます（図4-6）。

用いるプログラムは、下記のいずれかを使います。

・TWELITE DIP BLUE版の場合 … App_PAL-Parent-BLUE.bin
・TWELITE DIP RED版の場合 … App_PAL-Parent-RED.bin

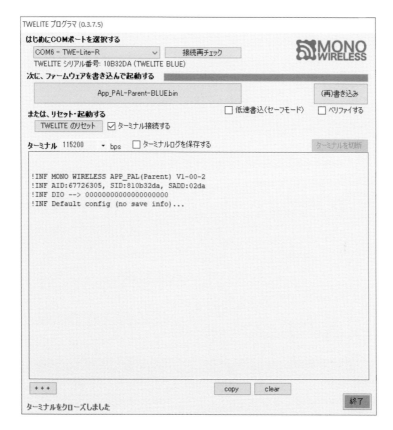

図4-6 プログラムを書き込む

[5] 取り外す

書き込んだら、USBケーブルを抜き、TWELITE DIPを取り外します。

■ M5StackとTWELITE DIPとの配線

以上で、「親機」として使うTWELITE DIPが出来ました。
これを使って、M5Stackと配線します。

M5StackとTWELITE DIPとは、次のように配線します(**表4-1、図4-7**)。

> **メモ** 3.3VとGNDの配線は例です。
> 3.3VやGNDは、これ以外のピンも出力されていますから、そちらに接続してもかまいません。

表4-1 M5Stackの配線とTWELITE DIPとの配線

M5Stickのピン	TWELITE DIPのピン	用途
T2	10	TX
R2	3	RX
3V3	28	3.3V
GND	14	GND

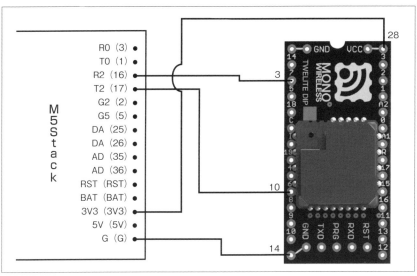

図4-7 M5Stackの配線とTWELITE DIPとの実体配線図

4-2　M5StackでTWELITE PALと通信するプログラム

配線は、以上です。

次に、M5StackでTWELITE PALと通信するプログラムを作っていきましょう。

■ MWM5ライブラリの入手

モノワイヤレス社は、M5Stack用のライブラリを「**MWM5ライブラリ**」という名称で配布しています。

下記の「**GitHub**」から入手できます。

【MWM5ライブラリ】

https://github.com/monowireless/mwm5

【MWM5ライブラリドキュメント】

https://mwm5.twelite.info/

手 順　MWM5ライブラリをダウンロードする

[1] サイトから[Download ZIP]を選択

左上の**[Clone or download]**をクリックし、[Download ZIP]を選択します。

[2] ZIP形式ファイルとしてダウンロード

ファイルを、ZIP形式でダウンロードします（**図4-8**）。

図4-8　MWM5ライブラリをダウンロードする

※重要な更新は、Releaseから一式をダウンロードできます。更新内容は、ライブラリドキュメントに記載されています。

■ Arduino IDEへのライブラリのインストール

M5Stackの開発には、「**Arduino IDE**」を使います。
Arduino IDEにMWM5ライブラリをインストールするには、次のようにします。

> **メモ** インストールしたライブラリは、Windowsの場合、ドキュメントフォルダの下の
> Arduino¥librariesにコピーされます。

手 順 Arduino IDEにMWM5ライブラリをインストールする

[1] ZIP形式ライブラリをインストールする

［スケッチ］メニューから［ライブラリをインクルード］―［ZIP形式のライブラリをインストール］を選択します（**図4-9**）。

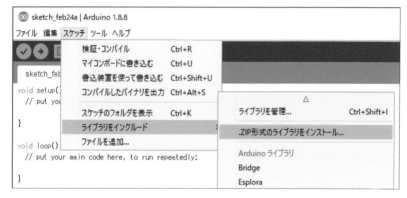

図4-9　ZIP形式のライブラリをインストール

[2] MWM5ライブラリを選択する

先ほどダウンロードした「**MWM5ライブラリ**」を選択します（**図4-10**）。

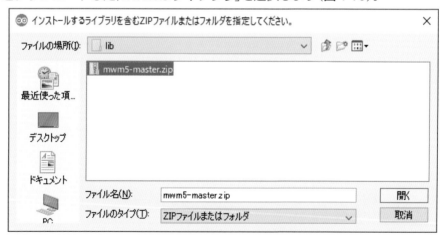

図4-10　MWM5ライブラリを選択する

> **コラム** Arduino IDEとM5Stack開発
>
> 　本書は、M5Stack開発することが目的ではないので、「Arduino IDE」など、M5Stack開発の基本については省略します。
>
> 　Arduino IDEは、「**Arduino（および互換）マイコン**」を搭載したプログラム開発に使うツールです。
> 　「C＋＋言語」に似たArduino言語を使ってプログラムを書きます。
>
> 　Arduino IDEは、下記から入手できます。
>
> **【Arduino IDE】**
> https://www.arduino.cc/
>
> 　M5Stackで開発するには、Arduino IDEに、M5Stackのライブラリをインストールします。
> 　詳しくは、M5Stackドキュメントを参考にしてください。
>
> **【M5Stack ドキュメント】**
> https://docs.m5stack.com/
>
> 　より具体的な手順や、M5Stackを使った開発例などについては、拙著「**M5Stackではじめる電子工作**」も参考にしてください。
>
> 　本書では、Arduino IDEを使って、基本的なM5Stack開発の準備ができている（M5Stackのライブラリはインストール済みである）ことを前提に、話を進めていきます。

■ 各種センサーパルから値を参照するサンプル

以上で、配線からプログラミング環境まで整いました。
それでは簡単に、各種センサーパルから値を参照するサンプルを見ていきましょう。

リスト4-1は、各種センサーパルの値をM5Stackの液晶画面に表示する例です。
次のように動作します（**図4-11**）。

・開閉センサーパルの場合
　「OPEN」または「CLOSE」の文字を表示します。
　OPENのときは液晶の背景色を**赤**に、**CLOSE**のときは**緑**にしています。

・環境センサーパルの場合

「温度・湿度、照度」を、それぞれ表示します。

・動作センサーパルのとき

「X軸、Y軸、Z軸」の、それぞれの加速度を表示します。

リスト4-1　各種センサーパルから値を取得するサンプル

```
#include <mwm5.h>

#include <Arduino.h>
#include <M5Stack.h>

// ①パーサーの準備
static AsciiParser parse_ascii(256);

void setup() {
  // M5Stackの初期化
  M5.begin(true, false, true, false);

  // ②シリアルポートの初期化
  Serial2.setRxBufferSize(512);
  Serial2.begin(115200, SERIAL_8N1, 16, 17);
}

void loop() {
  M5.update();

  // ③シリアル受信
  while (Serial2.available()) {
    int c = char_t(Serial2.read());
    parse_ascii << c;

    if (parse_ascii) {
      // ④センサー値の取得
      // TWELITEパケットの取得
      auto && pkt = newTwePacket(parse_ascii.get_payload());
      // TWELITE PALかどうかの判定
      if (identify_packet_type(pkt) == E_PKT::PKT_PAL) {
        // TWELITE PALであれば、PALの型に変換
        TwePacketPal& pal = refTwePacketPal(pkt);
        // 以下palのプロパティを使って、各種データを取得できる

        // ⑤PALの種別判定
        switch (pal.u8palpcb) {
          case E_PAL_PCB::MAG: {
            // 開閉センサーパルのとき
            // ⑥センサーの値の取得
            PalMag mag = pal.get_PalMag();
            if (mag.u8MagStat == 0) {
```

```
                    // 開いている
                    M5.Lcd.fillScreen(RED);
                    M5.Lcd.print("OPEN\n");
                } else {
                    // 閉じている
                    M5.Lcd.fillScreen(GREEN);
                    M5.Lcd.print("CLOSE\n");
                }
                break;
            }
            case E_PAL_PCB::AMB: {
                // 環境センサーパルのとき
                // ⑥センサーの値の取得
                PalAmb amb = pal.get_PalAmb();
                M5.Lcd.printf("Temperature : %f\n",
                    (double)amb.i16Temp / 100.0);
                M5.Lcd.printf("Humidity : %f\n",
                    (double)(amb.u16Humd + 50) / 100.0);
                M5.Lcd.printf("Illumination : %d\n", amb.u32Lumi);
                break;
            }
            case E_PAL_PCB::MOT: {
                // 動作センサーパルのとき
                // ⑥センサーの値の取得
                PalMot mot = pal.get_PalMot();
                M5.Lcd.printf("X=%d, Y=%d, Z=%d\n",
                    mot.i16X[0], mot.i16Y[0], mot.i16Z[0]);
                break;
            }
        }
      }
    }
  }
}
```

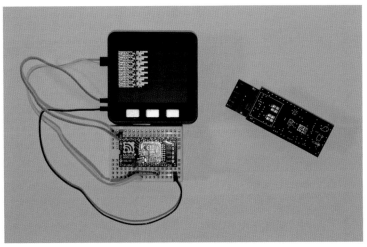

図4-11　リスト4-1の実行結果

以下、サンプルプログラムの処理を説明します。

プログラム解説 各種センサーパルから値を取得するサンプル

....

① パーサーの準備

TWELITE PALのデータを読み込むには、「**AsciiParser オブジェクト**」を使います。
次のように用意します。
引数内は、バッファのバイト数です。

```
static AsciiParser parse_ascii(256);
```

② シリアルポートの初期化

Arduinoの初期化処理ルーチンである「**setup()関数**」内では、シリアルポートを初期化します。

今回の回路では、「16番ピン」「17番ピン」を使っているので、次のようにします。
「115200」は"**ボーレート**"、「SERIAL_8N1」は"**8ビットパリティなし**"、という設定です。

```
Serial2.setRxBufferSize(512);
Serial2.begin(115200, SERIAL_8N1, 16, 17);
```

③ シリアルの受信

Arduinoにおいて、繰り返し実行される「**loop関数**」内では、シリアル通信を読み取り、パーサーに送り込みます。

パーサーは、1データを読み取ると"**true**"になります。

受信ループのひな形は、次の通りです。

```
while (Serial2.available()) {
  int c = char_t(Serial2.read());
  parse_ascii << c;

  if (parse_ascii) {
    // ④センサー値の取得
  }
}
```

④ センサー値の取得

パースが終わったら、「センサー値」を読み取ります。

まずは、「**newTwePacket関数**」を使って、パケットオブジェクトを取得します。

```
auto && pkt = newTwePacket(parse_ascii.get_payload());
```

次に、送信されたデータが「TWELITE PALのパケット」かどうか（App_Palアプリからのデータかどうか）を確認し、そうであれば、「**TwePacketPalオブジェクト**」として取得し直します。

```
if (identify_packet_type(pkt) == E_PKT::PKT_PAL) {
    // TWELITE PALであれば、PALの型に変換
    TwePacketPal& pal = refTwePacketPal(pkt);
    // 以下palのプロパティを使って、各種データを取得できる
    ...
```

TwePacketPalオブジェクトは、**表4-2**に示すプロパティやメソッドを備えています。

表4-2　TwePacketPalオブジェクトが備えるプロパティやメソッド

プロパティ	解 説
u32addr_rpt	中継器のSID。中継されていないときは0
u32addr_src	子機のSID。電波の送信元のTWELITEのSID
u16seq	1から始まる順序番号。65535まで進むと0に戻る連番
u8lqi	電波強度。(LQI×7 - 1970.0) / 20.0が、dBm値
u8addr_src	子機の論理デバイスID。TWELITE PALに設定した論理デバイスID。TWELITE PALのディップスイッチで設定した値もしくはインタラクティブモードで設定した値
u8palpcb	センサー種別。 E_PAL_PCB::MAG＝開閉センサーパル E_PAL_PCB::AMB＝環境センサーパル E_PAL_PCB::MOT＝動作センサーパル
u8palpcb_rev	基板バージョンおよびPAL基板ID
メソッド	解 説
get_PalMag	開閉センサーパルのデータPalMagオブジェクトを返す
get_PalAmb	環境センサーパルのデータPalAmbオブジェクトを返す
get_PalMot	動作センサーパルのデータPalMotオブジェクトを返す

⑤ PALの種別判定

「u8palpcb」の値を確認することで、センサーの種類を判定できます。

そこで、次のように切り分けます。

```
switch (pal.u8palpcb) {
    case E_PAL_PCB::MAG: {
      // 開閉センサーパルのとき
      ...
      break;
    }
    case E_PAL_PCB::AMB: {
        // 環境センサーパルのとき
        ...
        break;
    ]
    case E_PAL_PCB::MOT: {
        // 動作センサーパルのとき
        ...
        break;
    }
}
```

⑥ センサーの値の取得

センサーの値は、センサーの種別によって、「get_PalMag」「get_Amb」「get_Mot」いずれかのメソッドを使って取得します（**表4-3**）。

表4-3　センサーの値を取得するメソッド

センサーの種類	取得するメソッド	取得するオブジェクト
開閉センサーパル	get_PalMag	PalMag
環境センサーパル	get_PalAmb	PalAmb
動作センサーパル	get_PalMot	PalMot

・開閉センサーパル

「get_PalMagメソッド」を使って、「**PalMagオブジェクト**」を取得します（**表4-4**）。

PalMagオブジェクトは、開閉状態を示す「u8MagStat」をもっており、次のようにして開閉状態が分かります。

```
PalMag mag = pal.get_PalMag();
if (mag.u8MagStat == 0) {
    // 開いている
    M5.Lcd.fillScreen(RED);
    M5.Lcd.print("OPEN¥n");
} else {
```

⤶

```
    // 閉じている
    M5.Lcd.fillScreen(GREEN);
    M5.Lcd.print("CLOSE¥n");
}
```

ここでは、画面表示するのに、「**M5.Lcd.print**」を使いました。

また、背景色を設定するのには、「**M5.Lcd.fillScreen**」を使っています。

表4-4　PalMagオブジェクト

プロパティ	解　説
uint8_t u8MagStat	磁気センサーの値。 0x00 = 近くに磁石がない 0x01=N極が近い 0x02=S極が近い 0x80= 定期送信 (このビットが1でない場合は、磁石までの距離が変化したことを示す)
uint8_t bRegularTransmit	u8MagStatの最上位ビットのみを示したもの

・環境センサーパル

「get_PalAmbメソッド」を使って「**PalAmbオブジェクト**」を取得します。

PalMagオブジェクトは、「温度・湿度・照度」をプロパティとしてもっています(**表4-5**)。

```
PalAmb amb = pal.get_PalAmb();
M5.Lcd.printf("Temperature : %f¥n",
    (double)amb.i16Temp / 100.0);
M5.Lcd.printf("Humidity : %f¥n",
    (double)(amb.u16Humd + 50) / 100.0);
M5.Lcd.printf("Illumination : %d¥n", amb.u32Lumi);
```

表4-5　PalAmbオブジェクト

プロパティ	解　説
int16_t i16Temp	温度の100倍値(摂氏)
uint16_t u16Humd	湿度の値。50を加えて100で割ると、パーセント値になる
uint32_t u32Lumi	照度(ルクス)

・動作センサーパル

「get_PalMotメソッド」を使って「**PalMotオブジェクト**」を取得します。

「i16X・i16Y・i16Z」のプロパティで、加速度の値をとれます(**表4-6**)。

```
PalMot mot = pal.get_PalMot();
M5.Lcd.printf("X=%d, Y=%d, Z=%d¥n", mot.i16X[0], mot.i16Y[0], mot.
i16Z[0]);
```

表4-6　PalMotオブジェクト

プロパティ	解　説
uint8_t u8samples	i16X、i16Y、i16Zに格納されているデータ数
int16_t i16X[16]	X軸の加速度
int16_t i16Y[16]	Y軸の加速度
int16_t i16Z[16]	Z軸の加速度

4-3　日本語表示できるターミナルライブラリ

　このようにMWM5ライブラリを使うと、「シリアル値のパース」を任せられるので、比較的簡単にTWELITE PALのセンサー値を取得できます。

　しかし、M5Stackの液晶画面で、「きれいに値を表示したい」となると、少し難しいです。

　M5Stackは、デフォルトのライブラリでは、英数字を表示できるだけです。

　実際、これまで作ってきた**リスト4-1**のプログラムの実行結果は、**図4-12**に示すように、貧弱なものです。

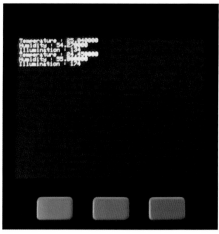

図4-12　リスト4-1の実行画面

　そこで、プログラムを改良して、**図4-13**のように、少し見栄えをよくしてみましょう。

　難しいようにも見えますが、MWM5ライブラリには、こうした見栄えを作れる「ターミナルライブラリ」が含まれています。

　漢字フォントも含まれており、図に示したような漢字表示も容易です。

図4-13　ターミナルライブラリを使って見栄えをよくした例

■ ターミナルライブラリを使ったサンプル

　最初から**図4-13**のように作るのは難しいので、まずは、「**ターミナルライブラリ**」を使った簡単なサンプルを見てみましょう。

　ここでは、実行すると、**図4-14**のように表示するサンプルを作ります（**リスト4-2**）。
　このサンプルを見ながら、ターミナルライブラリの使い方を説明します。

　このサンプルは、M5Stackの3つのボタンを押すと、「こんにちは」などのメッセージが、それぞれ表示されます。

> **メモ**　ターミナルライブラリが対応する文字コードは、「UTF-8」です。
> 　ソースコードは、UTF-8で記述してください（Arduino IDEのデフォルトはUTF-8なので、設定変更していなければ、問題にならないはずです）。

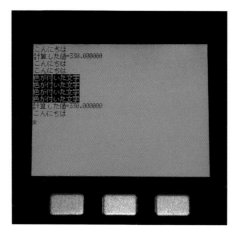

図4-14　リスト4-2の実行結果

リスト4-2　ターミナルライブラリを使ったサンプル

```
#include <mwm5.h>

#include <Arduino.h>
#include <M5Stack.h>

// ①TWETerm_M5_Consoleオブジェクトの作成
static TWETerm_M5_Console myscreen(26, 20, { 0, 0, 320, 240}, M5);

void setup() {
  // M5Stackの初期化
  M5.begin(true, false, true, false);

  // ターミナルの初期化
  // ②フォントの作成
  // MP+フォント12ピクセルの作成
  // 通常フォントをフォント番号10番に。行間・字間は0。
  TWEFONT::createFontMP12(10, 0, 0);
  myscreen.set_font(10);

  // ③背景色と前景色の設定
  myscreen.set_color(
    color565(90, 0, 50),  // 背景色
    color565(255, 255, 255) //前景色
  );

  // ④カーソルのセット
  // 0 = なし、1=カーソル、2=点滅カーソル
  myscreen.set_cursor(2);

  // ⑤クリアとリフレッシュ
  myscreen.clear_screen();
  myscreen.force_refresh();
}

void loop() {
  if (M5.BtnA.wasPressed()) {
    // ⑦基本的な出力
    myscreen << "こんにちは¥n";
  }

  if (M5.BtnB.wasPressed()) {
    // ⑧書式出力
    myscreen << printfmt("計算した値=%f¥n", 100 * 3.3);
  }

  if (M5.BtnC.wasPressed()) {
    // ⑨文字属性付き出力
    // 背景黒、文字色シアン
    myscreen << TermAttr(TERM_COLOR_BG_BLACK | TERM_COLOR_FG_CYAN);
```

```
    myscreen << "色が付いた文字¥n";

    myscreen << TermAttr(TERM_ATTR_OFF);
  }

  // ⑩ターミナルのリフレッシュ
  myscreen.refresh();

  m5.update();

}
```

■ ターミナルライブラリの基礎

ターミナルライブラリの使い方は、次の通りです。
ターミナルを使うには、まず、**初期化**します。

①TWETerm_M5_Consoleオブジェクトの作成

ターミナルは、TWETerm_M5_Consoleオブジェクトとして構成します。
次のように作成します。

```
static TWETerm_M5_Console myscreen(26, 20, { 0, 0, 320, 240}, M5);
```

最初の引数「**26**」と「**20**」は、保持する内部バッファの「**カラム**」(横)と「**行**」(縦)です。
つまり、ここでは「26文字×20行」分のバッファを用意しました。

その次の「**{0, 0, 320, 240}**」は、このターミナルを描画する領域で、それぞれ、「**X座標**」「**Y座標**」「**幅**」「**高さ**」を指定します(最後の引数は、幅と高さであり、右下の座標ではないので注意してください)。

M5Stackの液晶は、「320ピクセル×240ピクセル」です。
ですから、ここでは、「**液晶画面全体に描画する**」という意味になります。

最後の「**M5**」は、M5Stackのオブジェクトです。
この引数には、いつも「M5」を指定します。

ここでは、「TWETerm_M5_Consoleオブジェクト」を、"myscreen"という変数名で作成しているので、以下では、「**myscreen変数**」を通じて、このオブジェクトを操作できます。

以下、「TWETerm_M5_Consoleオブジェクト」と呼ぶのは煩雑ですので、このオブジェクトを「**ターミナルオブジェクト**」と称します。

②フォントの作成

Arduinoのsetup関数内では、作成したTWETerm_M5_Consoleオブジェクトを「**初期化**」します。

いくつかの初期化がありますが、ほとんどの場合、フォントの初期化が必要です。

フォントは、「**TWEFONT::createFONTXX関数**」を使って作ります。

ここでは、次のように「**createFontMP12関数**」を使って、12ドット版の「M+ BITMAP FONTS」を作っています。

```
TWEFONT::createFontMP12(10, 0, 0);
```

先頭の引数「**10**」は、作るフォントを登録する「**フォントID**」です。

「**1～32**」の任意の値で、**最大7フォント**ぶんを登録できます。

ここでは10としましたが、この範囲内であれば、どのような値でもかまいません。

次の2つの引数「**0**」は、それぞれ「**行間**」と「**字間**」です（単位はピクセル。全角文字の場合、字間は2倍）。

作ったフォントを使うには、ターミナルオブジェクトの「**set_fontメソッド**」を呼び出します。

引数には、さきほど登録したフォントIDを指定します。

```
myscreen.set_font(10);
```

表4-7　フォント作成関数

関数名	フォント
createFontShinonome12	東雲フォント（http://openlab.ring.gr.jp/efont/）の常用漢字のみ。12ドット版
createFontShinonome14	同14ドット版
createFontShinonome16	同16ドット版
createFontShinonome12_full()	同全文字セット収録版。12ドット版
createFontShinonome14_full()	同14ドット版
createFontShinonome16_full()	同16ドット版
createFontMP10	M+ BITMAP FONTS (https://mplus-fonts.osdn.jp/)。10ドット版
createFontMP12	M+ 同12ドット版
createFontLcd8x6	8×6 LCDフォント。英数字のみ。latin拡張文字や日本語フォントは含まれない。このフォントは、上記のcreateFontXXが呼び出されたときに、デフォルトのフォントとしてフォントID0に登録される

「フォントの作成」では、**倍角文字**を作ることもできます。

縦倍は「TWEFONT::U32_OPT_FONT_TATEBAI」、横倍は「TWEFONT::U32_OPT_FONT_YOKOBAI」のフラグを指定します。

両方指定すれば倍角です。

たとえば、次のようにすると、同じ12ドットフォントですが、倍角に指定しているので、「24ドットフォント」になります。

```
// 倍角の指定例
TWEFONT::createFontMP12(11, 0, 0,
  TWEFONT::U32_OPT_FONT_TATEBAI | TWEFONT::U32_OPT_FONT_YOKOBAI);
```

> **メモ**　フォントは、最大7つまで登録できますが、とくに日本語フォントは大きくROM容量を必要とします。
>
> 　無駄なフォントは登録しないのが無難です。ただし、同じフォントで倍角と標準を組み合わせる場合は、登録容量は変わりません。

③背景色と前景色の設定

ターミナルには、「背景色」と「前景色」を設定できます。

「set_colorメソッド」を使います。

```
myscreen.set_color(
  color565(90, 0, 50),  // 背景色
  color565(255, 255, 255) //前景色
);
```

「color565関数」は、RGB値を指定すると、それを「Rを5ビット」「Gを6ビット」「Bを5ビット」の16バイトの色の値に変換するヘルパー関数です。

④カーソルのセット

ターミナルでは、文字の表示位置に「**カーソルを表示**」する機能があります。

必要があれば、カーソル表示をどのようにするかを設定します。

デフォルトは**非表示**なので、カーソル表示しないのであれば、この処理は省略してもかまいません。

```
// 0 = なし、1=カーソル、2=点滅カーソル
myscreen.set_cursor(2);
```

⑤クリアとリフレッシュ

初期化が終わったら、ターミナルをクリアし、「**リフレッシュ**」します。

```
myscreen.clear_screen();
myscreen.force_refresh();
```

⑦文字列の出力

ターミナルに**文字列**を表示するには、「**<<**」で流し込むのが基本です。
書式を設定したり、色を変更したりもできます。

「**<<**」でターミナルオブジェクトに流し込むと、その文字列が表示されます。
　文字列の表示にともなってカーソル位置が動き、次に出力したときは、その位置から表示されます。

```
myscreen << "こんにちは¥n";
```

⑧書式出力

数値を**整形して表示**したいときは、「**printfmt**」というヘルパー関数を使うとよいでしょう。
一般的な「**%**」の書式文字列を使うことができます（最大4つまで）。

```
myscreen << printfmt("計算した値=%f¥n", 100 * 3.3);
```

⑨文字属性付き出力

ターミナルでは、「**1文字単位で文字の属性を変更する**」こともできます。
文字属性を変更するには、「**TermAttr オブジェクト**」を作って流し込みます。

たとえば、次のようにすると、「**背景色が黒**」「**前景色がシアン**」で出力されます。

```
myscreen << TermAttr(TERM_COLOR_BG_BLACK | TERM_COLOR_FG_CYAN);
myscreen << "色が付いた文字¥n";
```

解除するには、「**TERM_ATTR_OFF**」を指定します。

```
myscreen << TermAttr(TERM_ATTR_OFF);
```

「**TermAttr**」に指定できる引数は、**表4-8**の通りです。

表4-8　TermAttrに指定できる引数

【色以外】

値	意　味
TERM_ATTR_OFF = 0x0	すべての属性をクリア
TERM_BOLD	太字
TERM_REVERSE	背景色と文字色を反転

【文字色・背景色】

文字色	背景色	意　味
TERM_COLOR_FG_BLACK	TERM_COLOR_BG_BLACK	黒
TERM_COLOR_FG_RED	TERM_COLOR_BG_RED	赤
TERM_COLOR_FG_GREEN	TERM_COLOR_BG_GREEN	緑
TERM_COLOR_FG_YELLOW	TERM_COLOR_BG_YELLOW	黄
TERM_COLOR_FG_BLUE	TERM_COLOR_BG_BLUE	青
TERM_COLOR_FG_MAGENT	TERM_COLOR_BG_MAGENTA	マゼンタ
TERM_COLOR_FG_CYAN	TERM_COLOR_BG_CYAN	シアン
TERM_COLOR_FG_WHITE	TERM_COLOR_BG_WHITE	白

コラム　エスケープシーケンスを使った制御

　本書では説明しませんが、「エスケープシーケンス」(ESCコードを使ったカーソル移動制御)にも一部、対応しています。

　すべてのエスケープシーケンスに対応しているわけではありませんが、「**同じ位置で、出力を書き換えたい**」という場面で便利です。

● ループ内でのターミナルのリフレッシュ

ターミナルに出力しても、それがすぐに画面に反映されるわけではありません。
出力はバッファリングされるためです。

出力するには、「**refreshメソッド**」の実行が必要です。

```
myscreen.refresh();
```

refreshメソッドの呼び出しを忘れると、液晶画面に反映されないので、注意してください。
描画パフォーマンス向上のため、変更のあった分のみ再描画しているためです。

■ 画面を3分割してセンサーの値を表示する

ターミナルの使い方が分かったところで、先に実行例として示した、「画面を3分割してセンサーの値を表示するプログラム」(前掲の**図4-13**)を実現するプログラムを作ってみます。

プログラムは、**リスト4-3**の通りです。

リスト4-3　画面を3分割してセンサーの値を表示するプログラム

```
#include <mwm5.h>

#include <Arduino.h>
#include <M5Stack.h>

static AsciiParser parse_ascii(256);

// 開閉センサーパル、環境センサーパル、動作センサーパルの、それぞれのターミナル
static TWETerm_M5_Console scrMag(20, 5, { 0, 0, 320, 5 * 16}, M5);
static TWETerm_M5_Console scrAmb(20, 5, { 0, 5 * 16, 320, 5 * 16}, M5);
static TWETerm_M5_Console scrMot(20, 5, { 0, 10 * 16, 320, 5 * 16}, M5);

void setup() {
  // M5Stackの初期化
  M5.begin(true, false, true, false);

  // シリアルポートの初期化
  Serial2.setRxBufferSize(512);
  Serial2.begin(115200, SERIAL_8N1, 16, 17);

  // ターミナルの初期化
  // フォントの作成
  // 東雲フォント16ピクセル
  TWEFONT::createFontShinonome16(10, 0, 0);
  // 倍角
  TWEFONT::createFontShinonome16(11, 0, 0,
    TWEFONT::U32_OPT_FONT_TATEBAI | TWEFONT::U32_OPT_FONT_YOKOBAI);

  scrMag.set_font(11);
  scrAmb.set_font(10);
  scrMot.set_font(10);

  // ③前景色と背景色の設定
  scrMag.set_color(ALMOST_WHITE, color565(0, 0, 0));
  scrAmb.set_color(ALMOST_WHITE, color565(0, 150, 0));
  scrMot.set_color(ALMOST_WHITE, color565(150, 0, 0));
}

void loop() {
  M5.update();
```

↲

```
// シリアル受信
while (Serial2.available()) {
  int c = char_t(Serial2.read());
  parse_ascii << c;

  if (parse_ascii) {
    // パース完了
    // TWELITE パケットの取得
    auto && pkt = newTwePacket(parse_ascii.get_payload());
    // TWELITE PAL かどうかの判定
    if (identify_packet_type(pkt) == E_PKT::PKT_PAL) {
      // TWELITE PALであれば、PALの型に変換
      TwePacketPal& pal = refTwePacketPal(pkt);
      // ここでpalのプロパティを使って、各種データを取得できる

      // PALの種別判定
      switch (pal.u8palpcb) {
        case E_PAL_PCB::MAG: {
          // 開閉センサーパルのとき温度
          PalMag mag = pal.get_PalMag();
          if (mag.u8MagStat == 0) {
            // 開いている
            scrMag << TermAttr(TERM_COLOR_FG_RED);
            scrMag << "開";
          } else {
            // 閉じている
            scrMag << TermAttr(TERM_COLOR_FG_GREEN);
            scrMag << "閉";
          }
          break;
        }
        case E_PAL_PCB::AMB: {
          // 環境センサーパルのとき
          PalAmb amb = pal.get_PalAmb();
          scrAmb << printfmt("温度　%f℃¥n",
            (double)amb.i16Temp / 100.0);
          scrAmb << printfmt("湿度　%f%¥n",
            (double)(amb.u16Humd + 50) / 100.0);
          scrAmb << printfmt("照度　%dルクス", amb.u32Lumi);
          break;
        }
        case E_PAL_PCB::MOT: {
          // 動作センサーパルのとき
          PalMot mot = pal.get_PalMot();
          scrMot << printfmt("X=%d¥nY=%d¥nZ=%d¥n",
            mot.i16X[0], mot.i16Y[0], mot.i16Z[0]);
          break;
        }
      }
    }
  }
```

```
  }
 }

 // ターミナルのリフレッシュ
 scrMag.refresh();
 scrAmb.refresh();
 scrMot.refresh();
}
```

このプログラムでポイントとなるのは、「**3つのターミナルオブジェクト**」を用意している
点です。

```
static TWETerm_M5_Console scrMag(20, 5, { 0, 0, 320, 5 * 16}, M5);
static TWETerm_M5_Console scrAmb(20, 5, { 0, 5 * 16, 320, 5 * 16}, M5);
static TWETerm_M5_Console scrMot(20, 5, { 0, 10 * 16, 320, 5 * 16}, M5);
```

すぐあとに説明しますが、このサンプルでは、「**16ドットフォント**」を使うことにしました。
つまり「1行が16ドット」です。

上記では、それぞれ5行分をターミナルとして確保しました。
「scrMag」に書き込めば**いちばん上**に、「scrAmb」に書き込めば**真ん中**に、「scrMot」に書き
込めば**いちばん下**に、それぞれメッセージが書き込まれます（**図4-15**）。

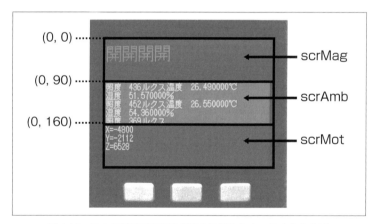

図4-15　3つの変数で画面全体を3分割したターミナルを作る

フォントは、次のように登録しています。
16ドットの「東雲フォント」と「同倍角」の2つを使いました。
下記のコードからわかるように、フォントは「**ターミナル間で共有**」できます。
ターミナルの数だけフォントを作る必要はありません。

```
TWEFONT::createFontShinonome16(10, 0, 0);
TWEFONT::createFontShinonome16(11, 0, 0, TWEFONT::U32_OPT_FONT_TATEBAI |
TWEFONT::U32_OPT_FONT_YOKOBAI); // 倍角

scrMag.set_font(11);
scrAmb.set_font(10);
scrMot.set_font(10);
```

センサーの値を取得する部分などは、**リスト4-1**と変わりません。

変わったのは、「表示している箇所」だけです。

　たとえば、開閉センサーパルの処理は、次のようにして、「閉」か「開」の文字を表示しています。

```
if (mag.u8MagStat == 0) {
    // 開いている
    scrMag << TermAttr(TERM_COLOR_FG_RED);
    scrMag << "開";
} else {
    // 閉じている
    scrMag << TermAttr(TERM_COLOR_FG_GREEN);
    scrMag << "閉";
}
```

　環境センサーパルや、動作センサーパルの処理も同じです。

4-4　まとめ

　この章では、M5StackとTWELITE PALを組み合わせて使う方法を説明しました。

　M5Stackは液晶画面に、さまざまな情報を表示できるので、TWELITE PALのような無線センサーの値を画面表示するのに適しています。

　さて、こうしたTWELITE PALのセンサー値ですが、ネットワークでほかのパソコンから値を参照したり、インターネットから確認したりできると、とても便利です。

　次章では、「ネットワーク経由でTWELITE PALのセンサー値を参照する方法」について説明します。

第5章

TWELITEにネットからアクセスする

前章までは、MONOSTICKやTWELITE DIPが接続されたパソコンやマイコンから、センサーの値を取得する方法を説明しました。

使い勝手を考えると、ほかのパソコンやスマホなどから「ネット経由」でセンサーの値を参照できると便利です。

この章では、ネットからセンサーの値を参照できるようにする方法を説明します。

5-1　ネットからセンサーにアクセスする

TWELITE PALのセンサーの値をネットに公開して、パソコンやスマホから見られるようにすると、とても便利です。

たとえば、各部屋に「環境センサーパル」を置き、それをネットから見られるようにすれば、遠方から部屋の温度などを知ることができます。
温室や工場など、温度管理しなければならない現場では便利そうです。

またトイレのドアに開閉センサーパルを置き、それをみんなが見られるようにすれば、トイレの使用状況が分かります。

TWELITEシリーズは、親機と子機とが通信する構成です。
センサーの値は親機に集まるので、このようにネットから見られるようにするためには、親機が何らかの方法で、「TWELITE PALから集めた値をネットに公開」するような仕組みを作る必要があります（図5-1）。

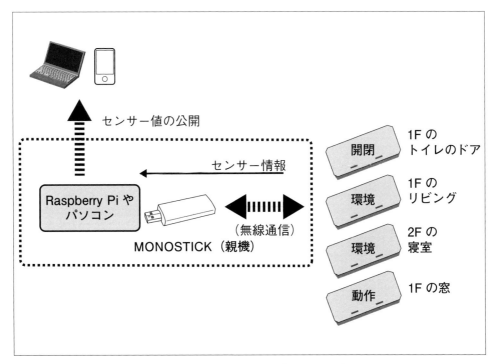

図5-1 TWELITE PALから集めた値をネットに公開する

ネットからアクセスできるようにする方法は、主に2つあります。

①親機がサーバになる

1つめは、親機が何らかのかたちでサーバとなり、パソコンやスマホからアクセスできるようにする方法です。

これにはいくつかの方法がありますが、親機をWebサーバとして構成し、HTMLコンテンツとしてクライアントに提供するのが簡単です。

そうすればパソコンやスマホからは、ブラウザを使って、TWELITE PALが集めた、さまざまな値を参照できます（**図5-2**）。

親機には、パソコンやRaspberry Piのほか、M5Stackなどのマイコンなどなんでも使えます。
「小型」で、かつ「サーバプログラムが作りやすい」ということだと、**Raspberry Pi**がよいでしょう。

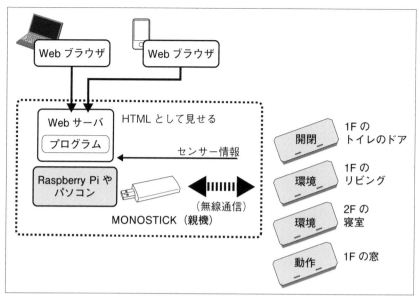

図5-2　親機がWebサーバになる

②別のサーバに構築してそこに送り込む

①の方法の難点は、パソコンやスマホが親機に接続できる必要があることです。
そのため多くの場合、インターネットから利用することはできません。

自宅や社内の環境は、セキュリティの理由から、インターネットとの接続点となるルータにおいて、インターネットからの通信が入り込めないように構成しているからです（**図5-3**）。

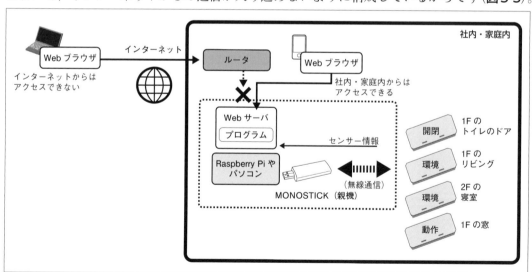

図5-3　インターネットから社内や家庭内には入り込めない

そこで一般には、こうした構成ではなく、インターネットから接続可能なサーバを置き、そ

こに親機からデータを定期的にアップロードするようにします。

この方法なら、セキュリティの問題がありません（**図5-4**）。

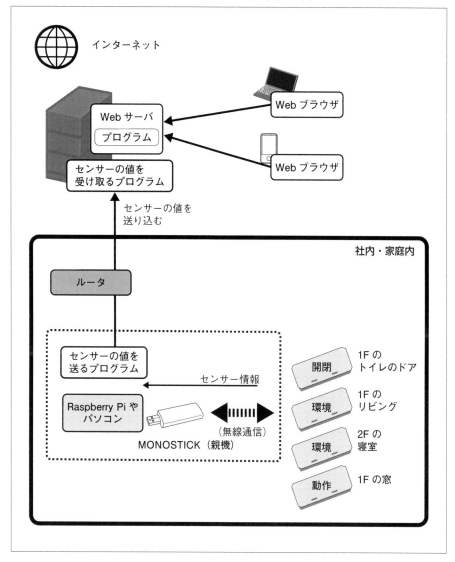

図5-4　インターネットに用意したサーバにセンサーの値をアップロードする

＊

この章では、まず、①**の方法**を説明します。そして②について、**次章**で説明します。

5-2 PythonでWebサーバを構成する

Webサーバを構築するには、**Apache**や**Nginx**のような本格的なWebサーバソフトを使う方法もありますが、インストールや設定が複雑です。

Pythonで実現する「Webサーバモジュール」があるので、本書では、その方法を使います。

■ PythonでWebサーバを構成する基本

PythonでWebサーバを構成する代表的な方法は、「**http.server**」というモジュールを使う方法です。

【http.serverモジュール】

https://docs.python.org/ja/3/library/http.server.html

このモジュールを使うと、「実行した場所と同じフォルダにあるファイル」をそのまま返す、「簡易Webサーバ」を簡単に構成できます。

しかし、今回の場合は、「フォルダに置いたファイルを返したい」のではなく、「TWELITE PALからセンサーの値を読み込んで、それをクライアントに返したい」となります。

つまり、「プログラムを実行して、その結果を返したい」となり、それは「http.serverモジュール」では、実装しにくいです。

そこで、代わりに、プログラムの実行結果を返すことを目的とした、「**wsgiref**」というモジュールを使います。

> **メモ**
>
> Pythonにおいて、Webサーバ上で実行されるプログラム（俗にCGIと呼ばれる種類のプログラム）を実行するときは、「**Web Server Gateway Interface**」（**WSGI**）という標準規定があります（この規定は、環境変数のどのような項目に、どのような値が格納されているのかなど、やり取りの規定です）。
>
> 「wsgirefモジュール」は、WSGIのリファレンス実装です。
> ApacheやNginexで、Webサーバを構成してPythonプログラムを実行するときも、WSGI仕様が使われます。
> すなわち、wsgirefモジュールを用いて作ったプログラムは、ApacheやNginexでWebサーバを構成する場合でも、大きく修正することなく動きます。

【wsgirefモジュール】

https://docs.python.org/ja/3/library/wsgiref.html

■ wsgirefモジュールを使った簡単な例

最初からTWELITE PALのセンサーの値を表示するプログラムを作るのは難しいので、まずは、「現在の日付を表示するプログラム」を作ってみます。

そのプログラムは、**リスト5-1**の通りです。
このファイルは、「httpdexample.py」という名前で保存するものとします。

リスト5-1 wsgirefモジュールを使った例(httpdexample.py)

```python
# ①モジュールのインポート
from datetime import datetime
from wsgiref.simple_server import make_server

# ②受信処理
def process(env, response):
  # (1)ヘッダを返す
  headers = [
    ('Content-Type', 'text/html; charset=utf-8')
  ]
  response('200 OK', headers)
  # (2)コンテンツを返す
  dt = datetime.now().strftime("%Y年%m月%d日")
  html = '<html<body><h1>テスト</h1><p>{0}</p></body></html>'.format(dt)
  return [html.encode('utf-8')]

②サーバの立ち上げ
with make_server('', 80, process) as httpd:
  print("started")
  httpd.serve_forever()
```

● プログラムの実行と確認

　これはPythonの基本的なプログラムなので、Pythonが動く環境ならどの環境でも大丈夫です。

　ここでは、「Raspberry Pi」に限って説明します。

> ※以下は、**第2章**の「**Raspberry PiにMONOSTICKをセットアップする**」で説明した手順で、Python 3およびライブラリー式がインストールされていることを前提とします。

手　順　プログラムの実行

① IPアドレスを調べる

　まずは、Raspberry Piの「**IPアドレス**」（**リスト5-1**を実行するプログラムのIPアドレス）を確認しておきます。

　これは、Raspberry Piでは、「**ifconfigコマンド**」を使うと調べることができます。

```
$ ifconfig
eth0: flags=4099<UP,BROADCAST,MULTICAST>  mtu 1500
        ether b8:27:eb:f5:f3:c2  txqueuelen 1000  (イーサネット)
        RX packets 0  bytes 0 (0.0 B)
        RX errors 0  dropped 0  overruns 0  frame 0
        TX packets 0  bytes 0 (0.0 B)
        TX errors 0  dropped 0 overruns 0  carrier 0  collisions 0

lo: flags=73<UP,LOOPBACK,RUNNING>  mtu 65536
        inet 127.0.0.1  netmask 255.0.0.0
        inet6 ::1  prefixlen 128  scopeid 0x10<host>
        loop  txqueuelen 1000  (ローカルループバック)
        RX packets 9  bytes 612 (612.0 B)
        RX errors 0  dropped 0  overruns 0  frame 0
        TX packets 9  bytes 612 (612.0 B)
        TX errors 0  dropped 0 overruns 0  carrier 0  collisions 0

wlan0: flags=4163<UP,BROADCAST,RUNNING,MULTICAST>  mtu 1500
        inet 192.168.11.21  netmask 255.255.255.0  broadcast 192.168.11.255
        inet6 fe80::1cdf:5813:d8b6:a76f  prefixlen 64  scopeid 0x20<link>
        ether b8:27:eb:a0:a6:97  txqueuelen 1000  (イーサネット)
        RX packets 5333  bytes 393850 (384.6 KiB)
        RX errors 0  dropped 0  overruns 0  frame 0
        TX packets 2339  bytes 363374 (354.8 KiB)
        TX errors 0  dropped 0 overruns 0  carrier 0  collisions 0
```

　Raspberry Piを有線でネットワーク接続しているのであれば「**eth0**」の、無線LANで接続しているのであれば「**wlan0**」のIPアドレスを確認します。

　上記の例であれば、wlan0が「inet 192.168.11.21」となっており、この環境では、IPアド

レスが「192.168.11.21」であることがわかります。

> **メモ** "192.168.11.21" というのは著者の環境の例にすぎません。
> 読者の環境では、これとは違う値になるはずです。

②実行する

このプログラムは、Raspberry Piにおいて、次のようにすると実行できます。

```
$ sudo python3 httpdexample.py
```

実行時に「**sudo**」を指定しているのは、このプログラムが、「TCPのポート1023番よりも小さいポート番号」を使っているからです。

RaspberryPiでは、**1023番よりも小さいポート番号は、管理者でないと利用できません。**

「sudo」は、そのプログラムを「管理者」(root)の権限で実行するための指定です。

のちにプログラムを解説するときに説明しますが、プログラム中の、

```
with make_server('', 80, process) as httpd:
```

にある、「**80**」がポート番号です。

ポート80は、Webでアクセスするときの(http://で接続する場合の)デフォルトのポート番号(**ウェルノウンポート番号**)です。

> **メモ**
> **ポート1024番以上で通信する場合**は、sudoは必要ありません。
> たとえば「with make_server(", 8080, process) as httpd:」のように、ポート8080番を使うなら、sudoせずに実行できます。
> この場合、ブラウザからは、「http://RaspberryPiのIPアドレス:8080/」のように明示的にポート番号を指定します。

実行すると、画面には、「**started**」と表示されます(これは最後から2行目のprintで、そのように表示しているからです)。

③ ブラウザで確認する

ブラウザで①で**確認したIPアドレス**を開いて確認します。

たとえばIPアドレスが「192.168.11.21」なら、「http://192.168.11.21/」のようにアクセスします。

すると、**図5-5**のように、「今日の日付」が表示されます。

> **メモ**
> アクセスは「同一LAN上」から行なってください。
> インターネット側から入り込むことはできません。
> たとえば、無線環境であるなら、Raspberry Piとパソコンやスマホは、同じ無線アクセスポイントに接続した環境でなければなりません。

図5-5　ブラウザで確認したところ

アクセスすると、Raspberry Piの画面には、次のようにアクセスログが表示されます。

```
$ sudo python3 httpdexample.py
started
192.168.11.20 - - [05/Mar/2020 11:07:54] "GET / HTTP/1.1" 200 67
192.168.11.20 - - [05/Mar/2020 11:07:54] "GET /favicon.ico HTTP/1.1" 200
67
```

プログラムを終了するには、**[Ctrl]＋[C]キー**を押します。

> **コラム**　**無線アクセスポイントの「プライバシーセパレータ」**
>
> 　利用している無線アクセスポイントには、セキュリティを高めるため、無線LANを接続しているクライアント同士が、直接接続できないよう構成されているものがあります。
> 　こうした機能は、「プライバシーセパレータ」と呼ばれます。
> 　プライバシーセパレータが有効な環境では、互いに通信できないので、接続に失敗します（無応答になります）。
>
> 　そのような場合は、ネットワーク経由で動作確認する代わりに、Raspberry Piの「ブラウザ」を使って、動作を確認してみてください。

■ wsgirefモジュールによるWebサーバプログラムの仕組み

「wsgirefモジュール」を使ったWebサーバプログラムは、次のように構成します。
プログラムは、さほど長くなく定型なので、さほど難しくありません。

手 順　Webサーバプログラムの校正

① モジュールのインポート

「wsgiref.simple_server」から、「make_serverモジュール」をインポートします。

```
from wsgiref.simple_server import make_server
```

なお、このサンプルでは、日付を取得するために「datetimeモジュール」もインポートしていますが、これはWebサーバの機能とは関係ありません。

```
from datetime import datetime
```

②受信処理

Webブラウザから接続があったときの処理は、次の書式の関数として用意しておきます。
関数名や引数名は、なんでもかまいません。

```
def process(env, response):
    …ここに処理を書く
```

引数「env」は、ブラウザやサーバに関する情報が入った値です。

> ・ブラウザの種類(リファラー)
> ・クライアントのIPアドレス
> ・要求されたURLのパス(URLの「/」以降)
> ・送信されたデータ(URLの「?」以降の値や、フォームでPOSTされたデータ)

などが含まれています。

CGIを使った開発経験がある人にとっては、「**環境変数**」と言うと、分かりやすいかも知れません。

引数「**response**」は、応答を返す際に使うオブジェクトです。

> **メモ**　これらの仕様については、**WSGI仕様**(https://www.python.org/dev/peps/pep-3333/)を確認してください。
> envにどのような値が渡されるのかについても、こちらに記載があります。

この関数では、次の2つの処理をします。

・ヘッダを返す

Content-Typeヘッダ（コンテンツの種類を示すヘッダ）などの「**HTTPヘッダ**」を返します。
ヘッダは、引数のresponseオブジェクトを通じて設定します。

リスト5-1では、次のように、Content-Typeとして「text/html; charset=utf-8」（HTMLテキストで、文字コードはUTF-8）を設定しています。

```
headers = [
  ('Content-Type', 'text/html; charset=utf-8')
]
response('200 OK', headers)
```

・コンテンツを返す

ブラウザに送信したいデータを返します。
この値は、バイナリデータの戻り値として返します。

リスト5-1では、次のように日付を含むHTMLを作り、それを「encode('utf-8')」として、UTF-8でエンコードしたバイナリデータとして返しています。
この結果、先の**図5-5**の実行例に示したように、現在の日時が表示されるわけです。

```
dt = datetime.now().strftime("%Y年%m月%d日")
html = '<html<body><h1>テスト</h1><p>{0}</p></body></html>'.format(dt)
return [html.encode('utf-8')]
```

③サーバを起動する

ブラウザの通信を受け付け、通信があったときは②の関数を実行するよう、Webサーバ機能を立ち上げます。

それには、「**make_server関数**」を使って、次のようにします。

```
with make_server('', 80, process) as httpd:
  print("started")
  httpd.serve_forever()
```

make_serverの引数は、先頭から順に、「**ホスト名**」「**ポート番号**」「**受信時に処理する関数名**」です。

ホスト名は、「''」を指定すると、すべてのホスト名（IPアドレス）で待ち受けるので、普通はそうします。

「make_server 関数」の戻り値の「serve_forever メソッド」を呼び出すと、サーバ機能が起動します。

つまり「指定したポート」で待ち受けします。

5-3   テンプレートエンジンを使った出力の整形

TWELITE PALのセンサー値をブラウザに返すには、**リスト5-1**における、次の箇所で、センサーの値を読み取って、それを差し込めばよいと予想できます。

```
html = '<html<body><h1>テスト</h1><p>{0}</p></body></html>'.format(dt)
```

実際、その通りです。

しかし、見栄えを良くすることを考えると、HTMLの長さはこんなものではすみません。

長いHTMLをプログラム中に埋め込むのは、得策ではありません。

見づらいですし、見栄えを調整したいだけなのに、プログラムを修正する必要が生じてしまいます。

ですから、HTMLの部分は別のファイルにしておいて、それを読み出してブラウザに返すのがよいでしょう。

そうした用途にうってつけのライブラリが、「テンプレートエンジン」です。

■ テンプレートエンジン

テンプレートエンジンは、値の埋め込みを可能とする、いわば、「**差し込み印刷**」のような機能を提供するライブラリです。

定型テキストをファイルとして用意しておき、これをテンプレートとします。

テンプレートには、「**{名前}**」や「**$名前$**」などの書式を使って、プログラムから値が埋め込まれる場所を用意しておきます。

プログラムから、そうした場所に値を埋め込むことで、「定型文のなかに、値を都度差し込んで出力する」という機能を実現します。

■ Jinja2のインストール

テンプレートエンジンは、いくつかの種類がありますが、比較的多く使われているのが、「**Jinja2**」です。

本書では、このテンプレートエンジンを使います。

https://palletsprojects.com/p/jinja/

Jinja2は、標準ではインストールされていません。
「pipコマンド（pip3コマンド）」を使ってインストールします。

Raspberry Piの場合は、次のように入力するとインストールできます。

```
$ pip3 install jinja2
```

■ Jinja2を使ったHTML出力の例

Jinjaでは、「{{変数名}}」という表記を使って、値を差し込みます。
先のリスト5-1を、Jinja2を使ったものに変更してみましょう。

手　順　HTML出力

①テンプレートの準備

まずはテンプレート、すなわち、「差し込むHTML」を用意します。
テンプレートは、拡張子「.tpl」などで用意することが多いので、ここでもそうしましょう。

リスト5-2に示す、「index.tpl」を用意してください
index.tplは筆者が付けた名前です。
次で読み込むテンプレート名と合致させれば、別の名前でもかまいません。

リスト5-2　テンプレートの例(index.tpl)

```
<html>
<body>
<h1>テスト</h1>
<p>{{today}}</p>
</body>
</html>
```

この内容は、ただのHTMLですが、値を差し込みたいところを次のようにしています。

```
<p>{{today}}</p>
```

ここでは「{{today}}」としているので、プログラムから「today」という名前で、この場所に、
値を差し込むことができます。

②テンプレートを使ったHTML出力

次に、テンプレートを使ってHTML出力する部分を作ります。

先の**リスト5-1**を次のように修正します。

ここでは、このファイルを「httpdexample02.py」とし、**リスト5-2**を配置したのと同じディレクトリに置くものとします。

実行するには、次のようにします。実行結果は、先ほどの**リスト5-1**と同じです。

```
$ sudo python3 httpdexample02.py
```

リスト5-3　テンプレートを使った出力例(httpdexample02.py)

```python
# ①モジュールのインポート
from datetime import datetime
from wsgiref.simple_server import make_server

# Jinja2
from jinja2 import Template, Environment, FileSystemLoader

# ②受信処理
def process(env, response):
  # (1)ヘッダを返す
  headers = [
    ('Content-Type', 'text/html; charset=utf-8')
  ]
  response('200 OK', headers)
  # (2)コンテンツを返す
  # Jinja2のテンプレートを読み込む
  env = Environment(loader=FileSystemLoader(''))
  template = env.get_template('index.tpl')

  # 値を差し込んでHTMLにする
  dt = datetime.now().strftime("%Y年%m月%d日")
  html = template.render({'today' : dt})
  return [html.encode('utf-8')]

# ③サーバの立ち上げ
with make_server('', 80, process) as httpd:
  print("started")
  httpd.serve_forever()
```

■Jinja2を使ったプログラムのポイント

Jinja2を使ったプログラムのポイントは、次の通りです。

①Jinja2モジュールのインポート

Jinja2モジュールをインポートします。

```
from jinja2 import Template, Environment, FileSystemLoader
```

②テンプレートからの読み込み

テンプレートを読み込むには、「**Environmentオブジェクト**」を使います。
「**FileSystemLoder**」を使うことで、ファイルから読み込みます。

第一引数に指定している「''」は、**テンプレートの場所**です。
「''」は、「プログラムの場所と同じディレクトリ」を示します。

```
env = Environment(loader=FileSystemLoader(''))
```

テンプレートは「index.tpl」という名前で作ったので、「**get_templateメソッド**」を使って、次のように読み込みます。

```
template = env.get_template('index.tpl')
```

③値の埋め込み

テンプレートに値を埋め込むには、次のように「**renderメソッド**」を呼び出します。

```
dt = datetime.now().strftime("%Y年%m月%d日")
html = template.render({'today' : dt})
```

readerメソッドでは「**キー:値**」の指定で、テンプレートに埋め込みます。

リスト5-2では、次のように

```
<p>{{today}}</p>
```

としているので、この「today」に対して、変数dtの値を差し込んでいます。

変数「**dt**」は、今日の日時を保存しているので、ここにその値が差し込まれます。

5-4 TWELITE PALのデータをブラウザで表示する

ここまで作ってきたサンプルをベースに、TWELITE PALのセンサー値を読み込む処理を追加し、センサーの値をブラウザに返せるようにしてみましょう。

そのようなプログラムを、**リスト5-4・リスト5-5**に示します。

これは環境センサーパルを前提としたもので、「温度・湿度・照度」を表示します(**図5-6**)。

リスト5-4　ブラウザでアクセスしたときに環境センサーパルの値を出力する例(テンプレート：index.tpl)

```
<html>
<body>
<h1>環境センサーパル</h1>
<p>温度:{{Temperature}} </p>
<p>湿度:{{Humidity}}%</p>
<p>照度:{{Illuminance}}ルクス</p>
</body>
</html>
```

リスト5-5　ブラウザでアクセスしたときに環境センサーパルの値を出力する例(プログラム：httpexample03.py)

```
# モジュールのインポート
from wsgiref.simple_server import make_server

# Jinja2
from jinja2 import Template, Environment, FileSystemLoader

# AppPALライブラリ
import sys
sys.path.append('./MNLib/')
from apppal import AppPAL

# マルチプロセス
from multiprocessing import Value, Process

# COMポート
port = '/dev/ttyUSB0'

# マルチプロセス処理でセンサーデータを取得する
def sensing(t, h, i):
  PAL = AppPAL(port = port)
  while True:
    if PAL.ReadSensorData():
      data = PAL.GetDataDict()
      t.value = data['Temperature']
      h.value = data['Humidity']
      i.value = data['Illuminance']

# 共有メモリを作る
```

```python
temperature = Value('d')
humidity = Value('d')
illuminance = Value('i')

# プロセスとして実行
process1 = Process(target=sensing,
  args=[temperature, humidity, illuminance])
process1.start()

# 受信処理
def process(env, response):
  global temperature, humedity, illuminance
  # (1)ヘッダを返す
  headers = [
    ('Content-Type', 'text/html; charset=utf-8')
  ]
  response('200 OK', headers)
  # (2)コンテンツを返す
  # Jinja2のテンプレートを読み込む
  env = Environment(loader=FileSystemLoader(''))
  template = env.get_template('index.tpl')

  # 値を差し込んでHTMLにする
  html = template.render({
    'Temperature' : temperature.value,
    'Humidity' : humidity.value,
    'Illuminance' : illuminance.value
  })
  return [html.encode('utf-8')]

# サーバの立ち上げ
with make_server('', 80, process) as httpd:
  print("started")
  httpd.serve_forever()
```

図5-6　リスト5-4、リスト5-5の実行結果

■ テンプレート

リスト5-4は、テンプレートです。

「温度・湿度・照度」を入れられるようにするため、次のように定義しています。

```
<p>温度:{{Temperature}} </p>
<p>湿度:{{Humidity}}%</p>
<p>照度:{{Illuminance}}ルクス</p>
```

■ マルチプロセスを用いたセンサーの読み取り

センサーの値を読み取るように修正したのが、**リスト5-5**です。

このプログラムでは、「Webサーバ機能」と「センサー値の読み込み」を並列して行なうため、**マルチプロセス処理**としました。

```
# マルチプロセス
from multiprocessing import Value, Process
```

● 共有メモリを用いた値の受け渡し

マルチプロセス処理する場合、「プロセス間」でのデータの受け渡しが必要になります。

ここでは、「Valueオブジェクト」を作って、そこにデータを保存することにしました。

次の部分でValueオブジェクトを作っています。

```
# 共有メモリを作る
temperature = Value('d')
humidity = Value('d')
illuminance = Value('i')
```

引数に指定するのは、データ型です。

「d」は「double型」、「i」は「int型」を示します。

詳細については、「multiprocessingモジュール」のドキュメントを参考にしてください。

【multiprocessingモジュール】

https://docs.python.org/ja/3/library/multiprocessing.html

● センサー値の読み取りとHTMLへの埋め込み

センサー値の読み取りは、「sensing」という関数に実装しました。

この部分は、すでに**第3章**で説明した通り、「PALオブジェクト」を使って受信し、パースしています。

異なる点は、取得した値を「**共有メモリ**」に保存している点です。

```
def sensing(t, h, i):
  PAL = AppPAL(port = port)
  while True:
    if PAL.ReadSensorData():
      data = PAL.GetDataDict()
      t.value = data['Temperature']
      h.value = data['Humidity']
      i.value = data['Illuminance']
```

この関数をマルチプロセスとして実行するには、次のようにします。

```
# プロセスとして実行
process1 = Process(target=sensing,
  args=[temperature, humidity, illuminance])
process1.start()
```

引数「**target**」には、マルチプロセスとして実行したい関数、「**args**」には、その関数に引き渡したい値を指定します。

HTML出力の際には、この関数内で共有メモリに保存した値を参照して、差し込みます。

```
html = template.render({
  'Temperature' : temperature.value,
  'Humidity' : humidity.value,
  'Illuminance' : illuminance.value
})
```

5-5　まとめ

　この章では、TWELITE PALのセンサー値を、ブラウザから参照できるようにする方法を説明しました。

　Pythonでは、Webサーバ機能を作るのが難しくないので、その処理は、短いコードで記述できます。

　こうしたプログラムは便利ですが、まだまだ習作です。

　セキュリティ上、インターネットからは接続できませんし、値を数値で表示するのではなくて、グラフとして表示したいということもあるでしょう。

　次章では、クラウドを活用して、IoTセンサーの値を、もっと簡単に扱う方法を紹介します。

## 第6章

クラウドにデータを集める

前章の構成のままでインターネットからアクセスすることは、セキュリティ上の理由で困難です。

インターネットからアクセスできるようにするには、インターネット上にサーバを構築し、そこにセンサーデータを送り込むように構成します。

この章では、クラウドサービスである「AWS」を用いて、インターネット側からセンサーにアクセスする方法を説明します。

6-1　サーバをクラウドで簡単に構成する

前章で説明したように、インターネットからTWELITE PALのセンサーデータを見られるようにするには、インターネット上にサーバを構築し、親機となっているRaspberry Pi（もしくはパソコンなど）から、センサーデータを送信するように構成します。

パソコンやスマホからブラウザで見られるようにするには、Webサーバとして構成し、HTMLに変換する機能をサーバ側に作る必要があります。

サーバ関連のプログラミング経験がある人だと分かりますが、こうしたシステムを自分で作るのは、案外、大変です。

なぜならサーバ上に、親機から来たデータを受け取り、それをデータベースなどに貯めてHTML化して返すようなシステムを作らなければならないからです（図6-1）。

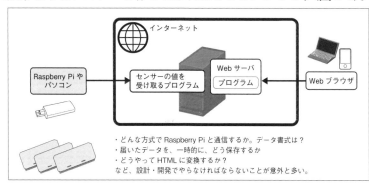

図6-1　自分ですべてを作るのは意外とたいへん

■ IoT通信の標準「MQTT」

実は、IoTの世界には、こうしたデータのやりとりを標準化する「**MQTT**」(MQ Telemetry Transport)というプロトコルがあります。

MQTTは、「値を送信する側」と「受け取る側」との橋渡しのやり方を規定するものです。

送信する側のことを「**パブリッシャ**」(publisher)、受け取る側のことを「**サブスクライバ**」(subscriber)と言います。接続を仲介する側 (つまりサーバです) のことは「**ブローカー**」(broker)と言います(**図6-2**)。

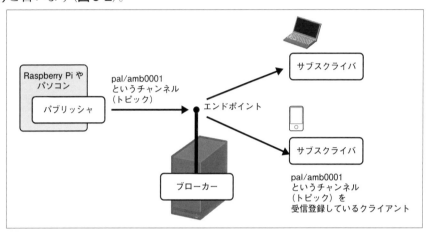

図6-2 MQTTプロトコル

● エンドポイントとトピック

MQTTは、単純なデータの配信システムです。

ブローカーは、「**エンドポイント**」(endpoint)と呼ばれる接続点を提供します。
ここにパブリッシャとサブスクライバが、それぞれ登録します。

MQTTでは、同時に複数の通信チャンネルを持ち、それを切り替えられるような仕組みがあります。
それが「**トピック**」(topic)です。

パブリッシャやサブスクライバは、ブローカーに登録するときに、「どのトピックを自分が扱うか」を指定します。
自分が登録した以外のトピックに関するデータが流れてくることはありません。

たとえば、パブリッシャが「channelA」という名前のトピックで登録したとき、それを受信できるのは、「channelA」というトピックで登録したサブスクライバだけです。

　このように、トピックという仕組みがあることで、さまざまなデータを扱うときに、それらが混じることがありません。

> **メモ**
> 　MQTTは、パブリッシャからサブスクライバへの単方向の通信です。双方向にしたければ、ソフトウェアをパブリッシャとしてもサブスクライバとしても登録する、つまり、逆向きのコネクションをもう1つ張るように構成します。

● トピック名の階層化

　トピック名には、「**名前/名前/名前**」のような「**/**」で区切られた階層構造を付けることができます。

　そこで、たとえば、本書のようにTWELITE PALを扱うのであれば、「twelite/001」「twelite/002」や「pal/amb0001」「pal/amb0002」のように、「tweliteのどれ」とか「palのどれ」というように階層を付けたトピック名を付けると、わかりやすくなります。

● MQTTをサポートするライブラリやソフトウェア

　「MQTTプロトコル」の話を出したのは、MQTTプロトコルはIoTの業界標準であるため、それを扱うライブラリやソフトウェアがたくさんあるからです。

　オープンソースのものもありますし、商用サービスもあります。
　こうしたMQTTプロトコル対応のソフトウェアを使えば、自分で作るプログラムを圧倒的に少なくできます。

・Eclipse Mosquitto（モスキート）

　MQTTプロトコルを実装したオープンソースのブローカーとなるソフトウェアです。
　これをサーバにインストールすれば、MQTTプロトコルを用いた通信機能を、容易に実現できます。

【Eclipse Mosquitto】

https://mosquitto.org/

・Eclipse Paho

　MQTTプロトコルをサポートするライブラリです。
　PythonやJavaScriptなど、さまざまなプログラミング言語に対応しています。

【Eclipse Paho】

https://www.eclipse.org/paho/

　これらのソフトウェアやライブラリを使って構成する場合、次のようにします（**図6-3**）。

手　順　Mosquittoを使って実現する例

①サーバにMosquittoをインストール

サーバにMosquittoをインストールして、ブローカーとして構成します。

②パブリッシャのプログラムをEclipse Pahoライブラリを使って作る

Raspberry Pi上で、パブリッシャとして動くプログラムを作ります。

このプログラムは、ブローカーと通信してセンサーの値を送信するようにします。

通信部分には、「**Eclipse Pahoライブラリ**」を使うのが簡単です。

本書では、すでにTWELITE PALからのセンサーデータを受信するプログラムをPythonで作っていますから、それを改良すればよいでしょう。

③ブローカーのプログラムをMQTT over WebSocketで作る

クライアント側の作り方は、いくつかありますが、簡易に済ませるのであれば、「**MQTT over WebSocket**」を使うのがよいでしょう。

MQTT over WebSocketとは、MQTT通信を「**WebSocket**」というプロトコル上で動かす仕組みです。

ブラウザのJavaScriptは、WebSocketを使った通信に対応しています。

そのため、この仕組みを使えば、JavaScriptで少しプログラムを書くだけで、ブローカーと通信してデータをやりとりできます。

このときのプログラムにも、「Eclipse Pahoライブラリ」を使うことができます。

> **メモ**
>
> 　ここではMosquittoを前提に話していますが、MQTTプロトコルを利用するソフトウェアやライブラリは、ほかにもあります。
>
> 　ほかのソフトウェアやライブラリを使っても、もしくは、一部、それらを組み合わせても、問題ありません。

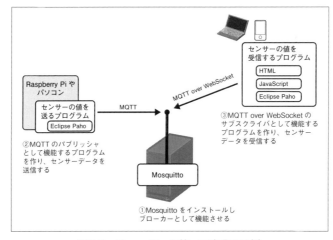

図6-3　Mosquittoを使って実現する例

■ クラウドサービスでもっと簡単に

「**クラウドサービス**」を使えば、もっと簡単に実現できます。

　たとえば、日本国内でもっとも多く使われているクラウドサービスの「**AWS**」(Amazon Web Services) には、「**AWS IoT Core**」というサービスがあります。またWebサーバの機能も、「**Amazon S3**」(以下 S3) というサービスで実現できます。

・AWS IoT Core

「MQTT」を実装したサービスです。
ブラウザからボタンひとつで設定でき、簡単にMQTTサーバを構成できます。
これまで説明してきた「Mosquitto」の部分に相当します。

・S3

ファイルストレージサービスです。
任意のファイルを置くことができます。
「**Static website hosting**」という機能を有効にするとWebサーバとして機能し、ここに置いたHTMLファイルやJavaScriptファイルなどを、ブラウザからアクセスできるようになります。

　これまで説明してきたシステムをAWSで実現すると、たとえば、**図6-4**のようになります。

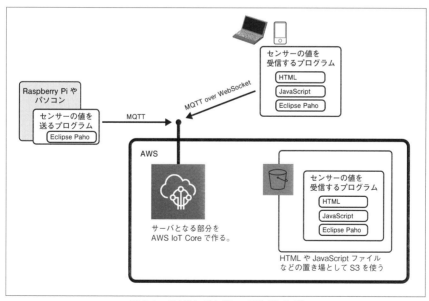

図6-4　AWS IoTを使って構成した例

● AWS IoT Core のメリット

「Mosquitto」でサーバを構成するのではなく、「AWS IoT Core」を利用することで、次のメリットがあります。

・サーバの管理が必要ない

「AWS IoT Core」の運用管理は AWS に任せられます。

サーバを管理する必要はありません。

・負荷の増加に耐えられる

本書で扱うようなデータ量であれば、あまり関係ありませんが、たくさんのセンサーを使う場合、そのデータ量は膨大になります。

それだけのデータ量をさばくには、サーバの「**増強**」(**スケールアップ**)、さらには、「**増設**」(**スケールアウト**)が必要です。

しかし AWS IoT Core なら、負荷が増えても自動的に対応してくれます。

・データが到着したときの連携ができる

MQTT は、パブリッシャとサブスクライバの間のデータを受け渡すだけです。

データの蓄積機能はありません。

たとえば、サブスクライバがブローカーに登録されていない場面では、届いたデータがどこにも送られず、そのまま失われます。

保存したいのであれば、「値をデータベースに保存するサブスクライバ」を自分で作って、ブローカーに登録しなければなりません。

しかし、AWS IoT Core なら、こうした「受信データの蓄積」の連携が容易です。

AWS IoT Core には、「**ルール**」という設定をすることができ、受信データが届いたときに、そのデータをストレージやデータベースに保存するなど、他の AWS サービスと連携して動かすことができるためです。

■ この章でやること

この章では、AWS IoT Coreを使って、次の2つの機能を実装します。

---

①インターネットにおいて、ブラウザからTWELITE PALのセンサー値を参照できるようにする
②センサーの値をデータベースに蓄積し、さらにCSVデータ化する

TWELITE PALのセンサーの種類は、「開閉センサーパル」「環境センサーパル」「動作センサーパル」のどれでもよいですが、ここでは例として、環境センサーパルを使います。

①の機能は、まさに、先の**図6-4**に示したように、AWS IoT Coreを中心に、基本的なMQTTを構成します。
②の機能は、AWS IoT Coreのルール機能を使って実装します。
ルールを設定して、AWSのキーバリューストア型のデータベース「**DynamoDB**」にデータを蓄積します。
蓄積したデータをCSV形式に変換して取り出せるようにするため、「**Lambda**」という機能を使って、DynamoDBから取り出すプログラムを作ります。

このプログラムは、「**API Gateway**」という機能を使って、Webブラウザからダウンロードできるようにします(**図6-5**)。

※AWSアカウントを作るまでの手順と簡単な操作方法については、**Appendix B**を参照してください。

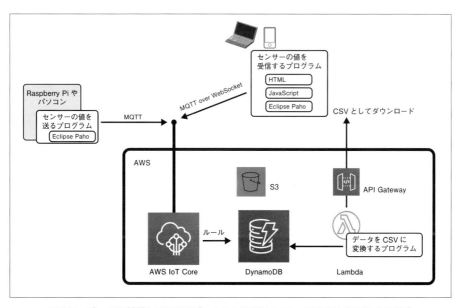

図6-5 データを蓄積してCSVデータとしてダウンロードできるようにする構成

6-2　AWS IoT CoreでMQTTを構成するための流れ

この章で肝となるのは、「AWS IoT Core」周りの技術です。

操作に先立ち、全体の流れについて説明しましょう。

＊

この章では、以下の操作をしていきます（図6-6）。

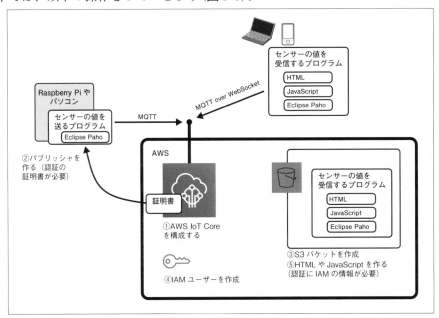

図6-6　AWS IoT Core周りの構成

---

① AWS IoT Coreの構成

まずは、「AWS IoT Core」を構成します。

AWS IoT Coreを構成すると、「エンドポイント」が決まります。

パブリッシャやサブスクライバがAWS IoT Coreに接続するには、「**認証情報**」が必要です。
そこで、接続に必要な証明書などを併せて作ります。

②Raspberry Pi側の構成

Raspberry Pi側をパブリッシャとして構成します。

前章までで作ったPythonのプログラムを改良し、TWELITE PALのデータをMQTT通信で送信するようにします。

MQTT通信には、「**Eclipse Pahoライブラリ**」を使います。
通信には、①で作った証明書が必要です。

③ S3の構成

次に、HTMLやJavaScriptの置き場として、「S3」を構成します。

ファイル置き場となるS3の「保存場所」のことは、「**S3バケット**」と呼びます。

S3バケットを作り、ブラウザからアクセスできるようにするため、「**Static website hosting 機能**」を有効にします。

④ IAMユーザーの作成

JavaScriptからAWS IoT Coreに接続する際は、「**MQTT over WebSocketプロトコル**」を使います。

このときも、②のRaspberry Piから接続するときと同様に、何らかの認証が必要です。

MQTT over WebSocket通信では、①で作った証明書ではなく、「**IAMユーザー**」というAWSのユーザー情報を使って認証します。

そこで、AWS IoT Coreを利用可能なIAMユーザーを作っておきます。

IAMユーザーを作ると、認証に必要な「アクセスキーID」と「シークレットアクセスキー」が得られます。

⑤ WebSocketとして通信するプログラムの構成

ユーザーインターフェイスを構成するHTMLや、JavaScriptから、④の認証情報を使ってMQTT over WebSocketで通信するプログラムを作り、③のS3バケットに配置します。

6-3 　　AWS IoT Coreを構成する

それでは、はじめていきましょう。
まずは、「AWS IoT Core」を構成します。

■ AWS IoT Coreコンソールを開く

AWS IoT Coreを操作するため、そのコンソール画面を開きます。

手　順　AWS IoT Coreコンソールを開く

[1]　AWS IoT Coreメニューを開く

マネジメントコンソールで「IoT」などで検索し、[IoT Core]メニューを開きます（**図6-7**）。

図6-7　IoT Coreメニューを開く

[2]　ウェルカム画面からメニューに移動する

初回は、「**ウェルカム画面**」が表示されるので、[**開始方法**]ボタンをクリックします（**図6-8**）。

図6-8　ウェルカム画面で[開始方法]ボタンをクリックする

■ モノを登録する

AWS IoT Coreで管理したいモノを登録します。

今回は、「MONOSTICKを装着したRaspberry Pi」が、そのモノに相当します。

手 順　モノを登録する

[1]　管理メニューを開く

AWS IoT Coreコンソールが開いたら、[管理]メニューをクリックして開きます（図6-9）。

図6-9　管理メニューを開く

[2]　モノを登録する

[モノ]メニューから、[**モノの登録**]をクリックします（**図6-10**）。

図6-10　モノの登録をはじめる

[3]　単一のモノを作る

　[**単一のモノを作成する**]ボタンをクリックします（**図6-11**）。

図6-11　単一のモノを作成する

[4]　名前を付ける

　モノに名前を付けます。

　ここでは「**twelite**」と名付けることにします。

　この画面には、「タイプ」や「グループ」などの設定もありますが、それらは未設定でかまいません（**図6-12**）。

図6-12　モノに名前を付ける

[5]　証明書の作成

　モノ（以下では、「MONOSTICKを取り付けたRaspberry Pi」のことです）から、AWS IoT
に接続するとき、認証や暗号化に使う証明書をどのように作るかを決めます。

　「1-Click証明書を作成（推奨）」にある、[証明書の作成]ボタンをクリックします（**図6-13**）。

図6-13　証明書を作る

[6]証明書のダウンロードと有効化

　「**証明書へのリンク**」が表示されるので、すべてダウンロードします。

　一度この画面から離れると、ふたたびダウンロードすることはできません。
　証明書を再発行する必要があるので、充分に注意してください。

　これらのファイルのうち、「**プライベートキー**」は、認証に使う鍵です。

　このファイルをもっている人はAWS IoT Coreに接続できてしまうので、厳重に扱い、漏
洩しないように注意してください。

　ダウンロードしたら[**有効化**]をクリックしてください（**図6-14**）。

図6-14　証明書のダウンロードと有効化

[7] ルートCAのダウンロード

前掲の**図6-14**において、[**ルートCAダウンロード**]をクリックします。

すると、**図6-15**のように表示されるので、「RSA 2048 bit key」の[**Amazon Root CA1**]をクリックしてダウンロードします。

クリックすると、画面に表示されるので、ブラウザの[**名前を付けて保存**]で、名前を付けて保存してください。

ここでは、ファイル名は「**AmazonRootCA1.pem**」とします（**図6-15**）。

図6-15　ルートCAをダウンロードする

＊

ここまでで、「モノの作成」は終わりです。
[**完了**]ボタンをクリックしてください。

ダウンロードしたファイルを、**表6-1**にまとめておきます。

ファイル名の「XXXXXXXX」は、ランダムな番号です。

これらのファイル名は、あとでPythonのプログラムから指定するときに必要となります。

> **メモ**
>
> ファイル名に意味はありません。
>
> Pythonのプログラムに記述するファイル名と合致すれば、どのようなものでもかまいません。

表6-1　ダウンロードしたファイル

ファイル名	概　要
XXXXXXXXXX-private.pem.key	秘密鍵
XXXXXXXXXX-public.pem.key	公開鍵
XXXXXXXXXX-certificate.pem.crt	証明書
AmazonRootCA1.pem	ルート証明書

コラム　**証明書を紛失したときは**

証明書を紛失したときは、作りなおしてください。

[安全性]―**[証明書]**メニューから作れます。

不要になった証明書の削除も、この画面から操作できます（**図6-16**）。

　なお、証明書を作ったときは、次に説明する手順の、ポリシーのアタッチ操作も必要です。

図6-16　[証明書]メニューから操作する

■ ポリシーを作る

次に、この証明書を使って、どのような操作ができるのかという「**ポリシー**」を登録します。

手 順 ポリシーの登録

[1]　ポリシーの作成をはじめる

[安全性]の下の[**ポリシー**]をクリックします。

まだポリシーが何も作られていないので、[**ポリシーの作成**]をクリックします（**図6-17**）。

図6-17　ポリシーの作成をはじめる

[2]　ポリシーを作成する

「**操作する権限**」を、次のように設定します。

設定したら右下の[**作成**]ボタンをクリックします（**図6-18**）。

・名前

ポリシーの名前です。
任意の名前でかまいません。

話を簡単にするため、ここでは、いかなる操作もできるポリシーにするので、仮に「**all**」という名前にしておきます。

・アクション

　操作の種類を設定します。

　ここでは、IoTに関するすべての操作ができる「**iot:***」としておきます。

・リソースARN

　操作の対象を設定します。

　ここでは、すべてのモノに対して操作ができるようにする「*****」を設定しておきます。

> **メモ**　ARNとは、Amazon Resource Nameの略で、AWSで管理されるリソースを識別する名前のことです。

・**効果**

　許可するか拒否するかの設定です。

　[**許可**]を選択します。

図6-18　ポリシーを作成する

[3]ポリシーの完成

ポリシーが完成します（**図6-19**）。

図6-19　ポリシーの完成

[4]　証明書へのアタッチ

作ったポリシーを、証明書に割り当てます。

[安全性]の[**証明書**]メニューをクリックして開きます。

すると、すでにモノを作るときに構成した証明書があるはずです。

その証明書の右上をクリックしてメニューを表示し、[**ポリシーのアタッチ**]をクリックします（**図6-20**）。

図6-20　証明書にポリシーをアタッチする

[5]　作成済みのポリシーをアタッチする

するとポリシーの選択画面が表示されます。

先に作った「**all ポリシー**」があるはずなので、チェックを付けて、[**アタッチ**]をクリックします（**図6-21**）。

図6-21　all ポリシーをアタッチする

[6] 設定の完了

設定すると、証明書の右下に[**アクティブ**]と表示されます。

以降、この証明書で操作できるようになります（**図6-22**）。

図6-22　証明書にポリシーが設定された

■ エンドポイントの確認

以上で、設定は完了です。

　これからプログラムを作っておきますが、プログラムからAWS IoTに接続するには、「**接続先**」を指定する必要があります。接続先は「**エンドポイント**」と呼ばれます。

　この情報を確認しておきましょう。
　エンドポイントは、[設定]メニューに「**カスタムエンドポイント**」として表示されています。

　この値は、あとでプログラムから利用するときに使うので、コピペなどで控えておいてください(**図6-23**)。

図6-23　カスタムエンドポイントの確認

6-4 　データを送信するパブリッシャを作る

これで準備が整いました。
さっそく、パブリッシャ側のプログラムを作り始めましょう。

■ AWS IoTにデータを送信する簡単なサンプル

はじめからTWELITEと連携するのは難しいです。

そこで、まずは、Raspberry Piから、「pal/amb001」というトピック宛に、固定した「温度20℃」「湿度70%」「照度100ルクス」というデータをAWS IoT Coreに向けて送信するプログラムから作っていきましょう。

●ライブラリの準備

MQTTで通信するためのライブラリを用意します。
ここでは、「Eclipse Paho」というライブラリを使うことにします。

【Eclipse Paho】

https://www.eclipse.org/paho/

> **メモ**
> 本書では、AWS IoT以外とも通信できるよう、汎用的なMQTTライブラリを使います。
> AWSは、AWS専用の「AWS IoT SDK」というライブラリを提供しています。
> そちらを使うと、ここで提示したのは別の形でプログラムを記述できます。

ライブラリは、「pip3コマンド」(pipコマンド)でインストールできます。
Raspberry Piのターミナルから、次のように入力してください。

> **メモ**
> ここではRaspberry Piを使った方法を説明しますが、Pythonのプログラムなので、
> WindowsやMacOSでも同様にして動かすことができます。

```
$ pip3 install paho-mqtt
```

●MQTTにデータを送信する基本的なプログラム

準備が整ったところで、MQTTでデータをやりとりするプログラムを作っていきます。
「Eclipse Paho」を使ってMQTT通信するプログラムは、その基本的な型が決まっているので、難しくありません。
リスト6-1のように記述します。

リスト6-1　MQTTにデータを送信する基本的なプログラム（mqttbasic.py）

```python
import paho.mqtt.client
import json

# ①接続情報
endpoint = 'XXXXXXXXXX-ats.iot.ap-northeast-1.amazonaws.com'
port = 8883
topic = 'pal/amb0001'
rootca = 'AmazonRootCA1.pem'
cert = 'XXXXXXXXXX-certificate.pem.crt'
privatekey = 'XXXXXXXXXX-private.pem.key'

# コールバック関数
connected = False
def onConnect(client, userdata, flag, rc):
  global connected
  if rc == 0:
    connected = True
  else:
    print('接続失敗')
    exit

# 以下プログラム
# ②クライアントオブジェクトを作る
client = paho.mqtt.client.Client()

# ③証明書を設定する
client.tls_set(
  ca_certs=rootca,
  certfile=cert,
  keyfile=privatekey)

# ④コールバック関数を設定する
client.on_connect = onConnect

# ⑤接続する
client.connect(endpoint, port=port)

# ⑥処理ループ開始
client.loop_start()

# ⑦接続完了まで待つ
while not connected:
  pass

# ⑧送信
data = {
  'temperature' : 20.00,
  'humidity': 70.00,
  'illuminance': 100
```

↱

```
}

info = client.publish(topic, json.dumps(data))
info.wait_for_publish()

# ⑨終了と切断
client.loop_stop()
client.disconnect()
```

プログラム解説　MQTTにデータを送信する基本的なプログラム

① 接続情報

冒頭では、「**接続情報**」を定義しています。

これらは、AWS IoT Coreの情報に合わせる必要があります。

```
endpoint = 'XXXXXXXXXX.iot.ap-northeast-1.amazonaws.com'
port = 8883
topic = 'pal/amb0001'
rootca = 'AmazonRootCA1.pem'
cert = 'XXXXXXXXXX-certificate.pem.crt'
privatekey = 'XXXXXXXXXX-private.pem.key'
```

・endpoint

接続先の「エンドポイント」です。

図6-23に示したように、**カスタムエンドポイント**として確認した値を記述します。

・port

接続先の「ポート番号」です。

AWS IoT CoreにMQTTで接続する場合、「**8883**」を指定します。

・topic

MQTTのトピックです。

どのような名前でもかまいませんが、ここでは、「**pal/amb001**」としました。

・rootca

ダウンロードした「ルートCAファイル」のファイル名です。

図6-15で、ダウンロードしたファイル名を指定してください。

・cert

「証明書」のファイル名です。

図6-14で、「**このモノの証明書**」としてダウンロードしたファイル名を指定してください。

・privatekey
「プライベートキー」のファイル名です。
図6-14で、「**プライベートキー**」としてダウンロードしたファイル名を指定してください。

② クライアントオブジェクトを作る

MQTT接続には、「**クライアントオブジェクト**」を使います。
次のように生成します。

```
client = paho.mqtt.client.Client()
```

③ 証明書を設定する

このクライアントオブジェクトに対して、証明書を設定します。
「**ルートCA**」「**証明書**」「**プライベートキー**」を順に引数に設定します。

```
client.tls_set(
  ca_certs=rootca,
  certfile=cert,
  keyfile=privatekey)
```

⑤ コールバック関数を設定する

クライアントオブジェクトには、「接続された」「切断された」「データ送信が完了した」「データ受信が完了した」など、さまざまな状況において、事前に設定しておいたコールバック関数が呼び出される仕組みがあります。

ここでは、「接続されたとき」に実行される「**on_connect**」を指定しています。

```
client.on_connect = onConnect
```

onConnect関数は、次のように実装しました。

```
connected = False
def onConnect(client, userdata, flag, rc):
  global connected
  if rc == 0:
    connected = True
  else:
    print('接続失敗')
    exit
```

最後の引数「**rc**」が、接続が成功したか失敗したかを返す値です。
「0」のときは成功、そうでなければエラーです。

　上記のプログラムでは、接続完了したときに、「connected」という変数をTrueに設定しています。

　この値は、あとで、接続が完了したかどうかを確認するときに使います（すぐあとに説明します）。

⑤ 接続する

　接続するには、connectメソッドを実行します。

　引数には、「**エンドポイント**」と「**ポート番号**」を指定します。

```
client.connect(endpoint, port=port)
```

⑥ 処理ループ開始

　接続したら、「**処理ループ**」を開始します。

```
client.loop_start()
```

⑦ 接続完了まで待つ

　このあと、MQTTに送信したいところですが、「接続完了」をしないまま送信しても、うまく届きません。

　言い換えると、接続完了したことを確認してから、データを送信し始めなければなりません。

　そこで次のようにして、接続が完了したかどうかを確認しています。

```
while not connected:
  pass
```

　この「connected」という変数は、先ほどのコールバック関数「onConnect」のなかで値を制御している関数です。

　接続に成功したときは、この変数にTrueを代入するようにしています。

　そうすると、この「while not connected」という条件式が成り立たなくなり、ループが終了して次の行に進みます。

⑧ 送信

　送信するには「**publishメソッド**」を使います。

　引数には、「**トピック名**」と「**データ**」を渡します。

　ここでは次のようにして、「**JSON形式**」として、値を送信しました。

```
data = {
  'temperature' : 20.00,
  'humidity': 70.00,
  'illuminance': 100
}

info = client.publish(topic, json.dumps(data))
```

　MQTTは、データとして文字列を受け取ります。
　どのような文字列でも受け取れますが、この例のように、JSON形式データで送信することが多いです。

　JSON形式を使う理由は、各プログラミング言語用のライブラリが揃っていて、データの格納や展開が容易だからです。

> **メモ**
> 　とくにAWS IoT Coreと連携するときは、JSONとして扱っておくと、「ルールの設定」（後述）などをするときに、それぞれのキーの値を取得できるので便利です。

　データを送信したら、送信完了まで待ちます。「**wait_for_publishメソッド**」を使います。

```
info.wait_for_publish()
```

⑨終了と切断
　以上で送信完了です。MQTTの処理ループを**停止**します。

```
client.loop_stop()
```

　そして最後に切断します。

```
client.disconnect()
```

● 送信とテスト

以上でプログラミングは完了です。
実行してテストしてみましょう。

プログラムを実行すると、AWS IoT Coreにデータが送信されます。
ところが、この状態で送っても、「受け手」となるサブスクライバが登録されていないので、届いたデータは、そのまま失われてしまいます。

AWS IoT Coreコンソールには「**テスト機能**」があり、トピックに届いたデータをブラウザで確認したり、トピックにデータを送信したりできます。
ここでは、この機能を用いて確認します。

手 順　MQTT経由のデータ送信テスト

[1]　トピックにサブスクライブする
[テスト]メニューをクリックします。
サブスクリプションの画面が表示されたら、[**トピックのサブスクリプション**]に、接続したいトピックを入力します。

リスト6-1のプログラムでは、「pal/amb0001」というトピック名にしているので、この値を入力し、[**トピックへのサブスクライブ**]ボタンをクリックします(**図6-24**)。

図6-24　トピックへのサブスクライブ

[2]　トピックのメッセージ待ち画面になる

トピックのメッセージ待ち画面になります（**図6-25**）。

図6-25　トピックのメッセージ待ち画面

[3]　プログラムを実行する

この状態で、Raspberry Piで、**リスト6-1**のプログラムを実行します。

実行に際しては、同じディレクトリに「証明書」などのファイルが必要である点に注意してください。

具体的には、**リスト6-1**の

```
rootca = 'AmazonRootCA1.pem'
cert = 'XXXXXXXXX-certificate.pem.crt'
privatekey = 'XXXXXXXXXX-private.pem.key'
```

の部分で指定している**3つのファイル**を同じフォルダに置いておく必要があります。

実行するには、Raspberry Piで次のように入力します。

```
$ python3 mqttbasic.py
```

[4] 送信されたデータを確認する

実行すると、ただちに、そのデータがAWS IoT Coreに届きます。

AWS IoT Coreの画面を確認すると、**図6-26**のように、送信したメッセージが表示されます。

図6-26 届いたメッセージの確認

■ TWELITE PALのデータをAWS IoT Coreに送信する

MQTTでデータを送信するところまではできました。

あとは、ダミーデータを送信している

```
data = {
  'temperature' : 20.00,
  'humidity': 70.00,
  'illuminance': 100
}

info = client.publish(topic, json.dumps(data))
```

の部分を、TWELITE PALから受信した値を送信するように修正すれば、完成です。

そのように修正したプログラムを**リスト6-2**に示します。

リスト6-2　TWELITE PAL（環境センサパル）の値をMQTTで送信する（twelite_mqtt.py）

```python
# TWELITE関連
import sys
sys.path.append('./MNLib/')
from apppal import AppPAL

# MONOSTICKのポート
comport = '/dev/ttyUSB0'

#### ---------------- ここからリスト6-1と同じ
# MQTT関連
…略…
#### ---------------- ここまでリスト6-1と同じ
# MONOSTICKのデータに基づく送信
####

# PALオブジェクトの生成
PAL = AppPAL(port = comport)

# データの取得
while True:
    # データが届いているか
    if PAL.ReadSensorData():
        # 届いているなら、値を送信
        data = PAL.GetDataDict()
        if data['PALID'] == 2:
            topic = "pal/amb{0:04d}".format(data['LogicalID'])
            senddata = {
                'temperature' : data.get('Temperature'),
                'humidity': data.get('Humidity'),
                'illuminance': data.get('Illuminance')
            }
            print(topic, senddata)
            info = client.publish(topic, json.dumps(senddata))
            info.wait_for_publish()
del PAL

#### ---------------- ここからリスト6-1と同じ

# ⑨終了と切断
client.loop_stop()
client.disconnect()
```

● 実行と確認

リスト6-2では、トピック名を「**pal/ambXXXX**」で、XXXXの部分は、「**TWELITE PALの論理ID**」としました（0001、0002など）。

```python
data = PAL.GetDataDict()
if data['PALID'] == 2:
  topic = "pal/amb{0:04d}".format(data['LogicalID'])
  senddata = {
      'temperature' : data.get('Temperature'),
      'humidity': data.get('Humidity'),
      'illuminance': data.get('Illuminance')
  }
  print(topic, senddata)
  info = client.publish(topic, json.dumps(senddata))
  info.wait_for_publish()
```

そうすることで、複数の環境センサーパルがある状況でも、片方は「pal/amb0001」、もう片方は「pal/amb0002」のように、別のトピックにデータを保存することができ、データが混ざりません。

プログラムを実行すると、MQTTにデータを送信するたびに、画面には、次のメッセージが表示されます。

```
pal/amb0001 {'temperature': 28.39, 'humidity': 43.26, 'illuminance': 133}
```

AWS IoT Coreトピック名を、先と同様の方法でサブスクライブすれば、届いたデータの内容を確認できます（**図6-27**）。

> **メモ**
>
> 「pal/amb0001」の「0001」は、TWELITE PALのディップスイッチの設定に依存します。

図6-27　AWS IoTのテスト機能で確認したところ

6-5　HTMLとJavaScriptを入れるS3バケットを作る

以上で、データをAWS IoT Coreに届けるところまで出来ました。

次に、そのデータを見せるためのユーザーインターフェイスを作りましょう。
ユーザーインターフェイスは、「HTML」と「JavaScript」で作ります。

■ 静的Webサーバ機能を提供するS3

「HTML」や「JavaScript」をクライアントに提供するには、Webサーバが必要です。

Webサーバを構築するには、「**Apache**」や「**Nginx**」などのWebサーバソフトウェアをインストールしたサーバを用意する方法もありますが、その手順はなかなか複雑です。

＊

AWSには、ストレージ（ファイルを保存する場所）サービスの「**S3**」というサービスがあるので、本書では、これを使います。

S3の「**static web hosting**」を有効にすると、Webサーバとして機能するようになり、保存したHTMLファイルやJavaScriptファイルなどに、ブラウザからアクセスできるようになります。

S3では、「ファイル置き場となる場所」のことを「**S3バケット(Bucket：バケツのこと)**」と言います。

> **メモ**
> 本書では、AWSの基本的な操作は説明しません。
> S3は、AWSの代表的なサービスです。詳しくは、AWSに関する書籍などを参考にしてください。

■ S3バケットを作る

では、はじめていきましょう。
まずは、「S3バケット」を作ります。

手　順	S3バケットを作る

[1]　S3コンソールを開く

AWSマネジメントコンソールで、「**S3**」を検索して、S3コンソールを開きます（**図6-28**）。

図6-28　S3コンソールを開く

[2]　S3バケットを作成する

[バケットを作成する]ボタンをクリックします（**図6-29**）。

図6-29　バケットを作成する

[3]　バケット名とリージョンを選択する

「**バケット名**」は、バケットに付ける任意の名前です。

ブラウザからアクセスするときの名前の一部にもなります。

好きな名前を付けてください。

なお、バケット名は、AWSの全ユーザーで**唯一無二の名前**でなければなりません。

つまり、ほかの人が使っているのと同じ名前にはできません。

> ※本書で例として提示しているバケット名は、すでに筆者がその名前でバケットを作っているので、みなさんは同名のものを指定することはできません。

> **メモ**
>
> 　AWSでは、ほかの人と重複しないようにするため、所有するドメイン名のもの（たとえば、「example.co.jp」ドメインを所有しているのなら、「mybacket.example.co.jp」など）を付けることが推奨されています。

「**リージョン**」とは、このS3バケットを配置する地域（国）です。

どこでもよいですが、「**アジアパシフィック（東京）**」を選択しておいてください。

上記の2つを設定したら、[**作成**]ボタンをクリックしてください（**図6-30**）。

図6-30　バケット名とリージョンを指定して作成する

[4] バケットが作成された

バケットを作ることができました（**図6-31**）。

図6-31　バケットが作成された

■ Webサーバ機能を有効にする

これでHTMLファイルやJavaScriptファイルなどを置くことはできますが、まだ、Webサーバ機能が有効になっていません。

Webサーバ機能を有効にするには、アクセス権の設定なども含め、下記のように操作します。

手 順　**Webサーバ機能を有効にする**

[1] S3バケットの設定画面を開く

図6-31において、バケット名の部分（「iotexample012345」と表示されている部分。バケット名は、みなさんそれぞれで異なります）をクリックして、S3バケットの設定画面を開きます。

[2] ブロックパブリックアクセスを設定する

デフォルトでは、誰もがアクセスできるように構成されていないので、まずは、この設定を解除します。

［アクセス権限］タブをクリックします。

そして［ブロックパブリックアクセス］タブを開き、［編集］ボタンをクリックします（**図6-32**）。

図6-32　ブロックパブリックアクセスを編集する

[3]　パブリックアクセスを許可する

するとチェックボックスを変更できるようになります。

すべてのチェックを外してから、[保存]ボタンをクリックしてください（**図6-33**）。

確認画面が表示されたら「**確認**」と入力してから、[確認]ボタンをクリックします（**図6-34**）。

図6-33　パブリックアクセスを許可する

図6-34　設定変更の確認

[5]　バケットポリシーを変更する

　誰もがアクセスできるようにするには、さらに、バケットポリシーも変更しなければなりません。

　[バケットポリシー]をクリックします。
　そして、**リスト6-3**に示すテキストを貼り付けてください。
　ただし、**リスト6-3**の

```
"Resource":["arn:aws:s3:::iotexample012345/*"
```

の「iotexample012345」の部分は、みなさんのバケット名に変更してください。

　貼り付けたら、[保存]ボタンをクリックして保存します（**図6-35**）。

　設定が完了すると、「このバケットにはパブリックアクセス権があります」と表示されます。これで完了です（**図6-36**）。

> **メモ**
> 　**リスト6-3**のテキストは、AWSドキュメントの「ウェブサイトアクセスに必要なアクセス許可」
> https://docs.aws.amazon.com/ja_jp/AmazonS3/latest/dev/WebsiteAccessPermissionsReqd.html
> に記載されています。

リスト6-3　誰もが読み取りアクセスできるようにする設定

```
{
  "Version":"2012-10-17",
  "Statement":[{
  "Sid":"PublicReadGetObject",
      "Effect":"Allow",
    "Principal": "*",
      "Action":["s3:GetObject"],
      "Resource":["arn:aws:s3:::iotexample012345/*"
      ]
    }
  ]
}
```

図6-35　バケットポリシーを設定する

図6-36　パブリックアクセス権が設定された

[6]　Webサーバ機能を設定する

以上で権限の設定は完了です。
次に、Webサーバ機能を「**有効**」にします。

[プロパティ]タブをクリックし、[**Static website hosting**]をクリックします（**図6-37**）。

図6-37　Webサーバ機能を設定する

[7]　Static website hostingを有効にする

Static website hostingの設定画面が開きます（**図6-38**）。
[このバケットを使用してウェブサイトをホストする]を選択してください。
そして、「**インデックスドキュメント**」と「**エラードキュメント**」を設定します。

　前者は、ブラウザでアクセスするときに「http:// ドメイン名 /」や「http:// ドメイン名 / パス名 /」などにように、「**/**」で終わるURLでアクセスするときに表示するコンテンツのファイル名を指定します。
　ここでは、「**index.html**」とします。

　後者は、エラーが発生したときに表示するドキュメントです。
　本書では利用しませんが、未設定にはできないので、仮に「**error.html**」としておきます。

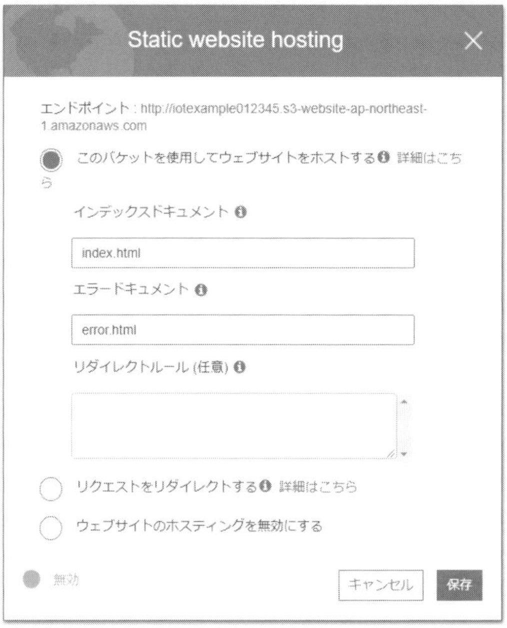

図6-38　Static website hostingを有効にする

[8]　エンドポイントを確認する

　以上で設定は完了です。

　このS3バケットは、「Webサーバ」として機能し、ここにファイルを置くと、ブラウザからアクセスできるようになりました。

　ここで、アクセス先のURLを確認しておきましょう。

　もう一度、［Static website hosting］をクリックすると設定画面が表示されますが、このとき表示されている「エンドポイント」というのが、アクセス先のURLです（**図6-38**を参照）。

　エンドポイントは、

http://バケット名.s3-website-ap-リージョン名.amazonaws.com/

という書式で定まります。

　ブラウザで、このURLにアクセスすると、S3バケットの内容が表示されます

　今はまだファイルを置いていないので、アクセスすると「404 Not Found」というエラーになります。

> **メモ**
>
> 　デフォルトでは、「.amazonaws.com」のドメイン名ですが、自分が所有するドメイン（たとえば、www.example.co.jpなど）でアクセスしたいこともあるでしょう。
>
> 　そのような場合は、①バケット名にアクセスしたいドメイン名と同じ名前を付ける、②DNSサーバでCNAMEを構成する、という設定をします。
>
> 　詳しくは、AWSに関する書物を参考にしてください。

■ S3バケットにHTMLファイルを保存する

　これで、いま作ったS3バケットにコンテンツを置けば、それがブラウザで表示されるようになりました。

　簡単なHTMLファイルを作って、動作を確認してみましょう。

手 順　HTMLファイルを置いてアクセスできることを確認する

[1]　HTMLファイルを作る

　リスト6-4に示すindex.htmlという名前のHTMLファイルを、手元に作っておきます。

文字コードは、「**UTF-8**」としてください。

リスト6-4　index.html（文字コードはUTF-8）

```
<!DOCTYPE html>
<html>
<head>
  <meta charset="UTF-8">
</head>
<body>
  <h1>テスト</h1>
</body>
</html>
```

[2]　ファイルをアップロードする

　S3バケットにファイルをアップロードする方法は、いくつかあります。

　ここでは、「**S3コンソール**」からアップロードします。

　[概要]タブを開くと[アップロード]というボタンがあるので、そのボタンをクリックします（**図6-39**）。

　するとアップロード画面が表示されるので、先に用意しておいたindex.htmlをドラッグ＆ドロップして登録します。

　そして[アップロード]ボタンをクリックすると、アップロードされます。（**図6-40**）。

図6-39　アップロード画面を開く

図6-40　ファイルを登録する

[3]　アップロードの完了

アップロードされたファイルは、一覧に表示されます（**図6-41**）。

図6-41　アップロードの完了

■ 動作の確認

以上で設定完了です。

ブラウザでエンドポイントにアクセスしてください。

先ほどのHTMLが、正しく表示されることを確認します（**図6-42**）。

テスト

図6-42　ブラウザでアクセスして確認する

6-6　WebSocketでデータを取得して表示する

次に、WebSocketでAWS IoT Coreに接続して、そのデータを取得するプログラムを作っていきましょう。

■ WebSocketでAWS IoTにアクセスする

以降の操作では、Raspberry PiからMQTTで送信されたデータをブラウザ側で取り込んで表示するプログラムを作ります。

いくつかの方法がありますが、ここでは、クライアントのブラウザ上で、JavaScriptから通信できる「**WebSocket**」という機能を使います。

*

AWS IoT CoreにMQTT over WebSocketで通信し、そのデータを画面に表示するところまでを実装します（**図6-43**）。

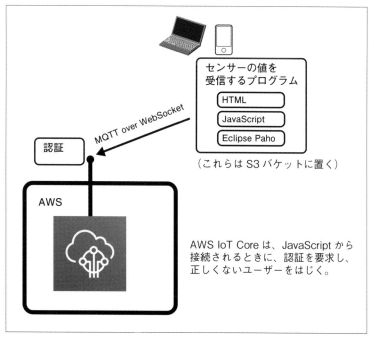

図6-43　JavaScriptがMQTT over WebSocketで通信する

● WebSocketの認証

図6-43の例から分かるように、クライアントはAWS IoT Coreに「直接」接続します。

ということは、AWS IoT Coreにアクセスする権限が必要ということです。

＊

すでに見てきたように、Raspberry PiからAWS IoT Coreにデータを送信（パブリッシュ）するときには、証明書やプライベートキーが必要でした。

それと同様に、クライアント側からアクセスするときにも、こうした情報が必要というわけです。

AWS IoT Coreでは、WebSocket経由で接続するときは、証明書やプライベートキーを使う代わりに、「**署名バージョン4**」という認証方式を使います。

これは、URLの後ろに、「現在の日付」や「ユーザー名」「パスワード」を元に計算した値を付けて送信する方式です。

【署名バージョン4　署名プロセス】

https://docs.aws.amazon.com/ja_jp/general/latest/gr/signature-version-4.html

> **メモ**
>
> 「署名バージョン4」は、AWS固有の事情で、MQTT標準とはまったく関係ありません。
>
> MQTTの実装によって、「認証なし」や簡易な「BASIC認証」「ダイジェスト認証」などもありえますが、AWS IoT CoreにWebSocketで接続するときは、この「署名バージョン4」が採用されているのに過ぎません。
>
> 「署名バージョン4」は、AWS IoT Core以外にも、AWS全般でさまざまな認証に使われています。

● IAMユーザー

この「署名バージョン4」では、AWSにおける「**IAMユーザー**」と呼ばれるユーザー情報を使います。

＊

IAMユーザーを作ると、そのユーザーに対して、「**パブリックアクセスキー**」と「**プライベートアクセスキー**」が生成されます。

この2つの値が「パスワード」に相当するものです。

この2つの値を使うと、署名バージョン4のURLを作ることができます。

● 署名URLを作る

まとめると、こういうことです。

---

①クライアント側のJavaScriptでは、MQTTプロトコルで通信することはできません。
代わりにMQTT over WebSocketを通じて通信します。

②WebSocketでAWS IoT Coreに接続する際、固定されたURL（エンドポイント）の後ろに、「署名バージョン4」という値を付けます。
この値は、IAMユーザーの「アクセスキーID」と「シークレットアクセスキー」の値から算出できます。

---

①と②のURLが定まれば、あとは、汎用的なMQTT over WebSocketで通信できます。
Eclipse Pahoなどのライブラリを使って通信できます。

■ IAMユーザーを作る

こうした理由から、WebSocketでアクセスするには、IAMユーザーが必要です。

＊

このIAMユーザーには、「**必要最低限の権限だけ**」を付けるようにします。

なぜなら、IAMユーザーに付随する「アクセスキーID」と「シークレットアクセスキー」は、JavaScriptのプログラムに記述するため、これらの値は必然と漏洩します。

つまり、プログラムを改造して、本来の目的以外でアクセスすることができるからです。

> **メモ**
>
> ルートユーザー（管理者）のアクセスキーIDとシークレットアクセスキーは、**どんなことがあっても使わないでください。**
>
> 面倒でも、この手順のように、AWS IoT Coreに関する操作しかできないIAMユーザーを作ってください。

ここでは、AWS IoTの「パブリッシュ操作」や「サブスクライブ操作」だけできる権限を付与したIAMユーザーを作ります。

手　順　IoT操作しかできない限られたIAMユーザーを作成する

[1]　IAMの設定画面を開く

AWSマネジメントコンソールから「IAM」を検索し、IAMコンソールを開きます（**図6-44**）。

図6-44　IAMコンソールを開く

[2]　ユーザーの作成をはじめる

左メニューから［ユーザー］をクリックします。そして［ユーザーを追加］をクリックしてユーザーを追加します（**図6-45**）。

図6-45　ユーザーを追加する

[3]　ユーザー名とアクセスの種類を設定する

ユーザー名として適当な「**名前**」を入力します。

どのような名前でもかまいませんが、ここでは「iot_access」という名前にします。

そして[**プログラムによるアクセス**]にチェックを付けます。

すると、先に説明した「アクセスキーID」と「シークレットアクセスキー」が発行されます。

そして[次のステップ：アクセス権限]をクリックしてください（**図6-46**）。

> **メモ**
>
> 　[AWSマネジメントコンソールへのアクセス]は、このユーザーがブラウザを使ってAWSマ
> ネジメントコンソールを操作できるかの設定です。
>
> 　チェックを付けると、AWSマネジメントコンソールにログインするためのパスワードが発
> 行されます。
>
> 　今回の用途では必要ないので、付けないでおきます。

図6-46　ユーザー名とアクセスの種類を設定する

[4]　アクセス権を設定する

AWS IoT Coreのパブリッシュやサブスクライブができる権限を設定します。

　[既存のポリシーを直接アタッチ]をクリックして、「AWSIoTDataAccess」にチェックを
付けてから、[次のステップ：タグ]をクリックします（**図6-47**）。

　全部から見つけるのは難しいので、「ポリシーのフィルタ」で、「iotdata」など何文字か入
力して、絞り込んで見つけるとよいでしょう。

図6-47　AWSIoTDataAccessポリシーを許可する

[5]タグの追加

このユーザーに対して、「メールアドレス」や「連絡先」など、**任意の追加情報**を設定できます。

今回は必要ないので、そのまま[次のステップ：確認]をクリックしてください（**図6-48**）。

図6-48　タグの追加

[6]　確認

確認画面が表示されます。

［ユーザーの作成］ボタンをクリックすると、ユーザーが作成されます（**図6-49**）。

図6-49　確認画面

[7]アクセスキーIDとシークレットアクセスキーの確認

アクセスキーIDとシークレットアクセスキーが表示されます。

この画面は、**二度と表示されない**ので、ここで確実に控えてください（**図6-50**）。

［**.csvのダウンロード**］をクリックすると、CSV形式ファイルとしてダウンロードできます。
それを保存しても、コピペで保存しても、どちらでもかまいません。

＊

なお、「シークレットキー」は秘密にする必要があるため、画面上では「******」のように隠されています。

［表示］をクリックすると、表示されます。

控え終わったら、［閉じる］をクリックして閉じてください。
以上で、「IAMユーザーの作成」は完了です。

図6-50　アクセスキーIDとシークレットアクセスキーの確認

コラム　アクセスキーIDとシークレットアクセスキーを紛失したときは

アクセスキーIDやシークレットアクセスキーは、再確認できません。
紛失したときは、再発行してください。

[ユーザー]メニューを開き、該当ユーザーをクリックすると、ユーザーの設定画面が表示されます。
[認証情報]タブの[アクセスキー]のところで、アクセスキーを新規発行できます。
不要になった（流出した恐れのある）アクセスキーIDは、この画面で削除することもできます。

図6-51　[アクセスキーの作成]をクリックすると、追加発行できる

■ 受信データを画面に表示するプログラム

では、MQTT over WebSocketで通信するプログラムを作りましょう。

そのプログラムは、**リスト6-5**の通りです。
プログラムの次の部分は、皆さんの環境に合わせてください。

```
// ※接続情報※
const HOST = "HHHHHHHH.iot.ap-northeast-1.amazonaws.com";
const ACCESSKEYID = "AAAAAAAAAAAAAAAAAAAA";
const SECRETACCESSKEY = "SSSSSSSSSSSSSSSSSSSSSSSSSSSSSSSSSSSSSSSS";
const TOPIC = 'pal/amb0001';
```

・HOST
AWS IoT COreの「エンドポイント」を記述します（**図6-23**を参照）。

・ACCESSKETID、SECREACCCESSKEY

IAMユーザーの「アクセスキーID」と、「シークレットアクセスキー」です(図6-50を参照)。

・TOPIC

サブスクライブするトピックです。

パブリッシュ側(**リスト6-1**や**リスト6-2**)のトピックに合わせます。

リスト6-5　MQTT over WebSocketで通信するプログラム(websocket01.html。文字コードはUTF-8)

```
<!DOCTYPE html>
<html>
<head>
  <meta charset="UTF-8">
  <!-- AWS SDK -->
  <script src="https://sdk.amazonaws.com/js/aws-sdk-2.1.12.min.js"></
script>
  <!-- Eclipse Paho-->
  <script src="https://cdnjs.cloudflare.com/ajax/libs/paho-mqtt/1.0.1/
mqttws31.js" type="text/javascript"></script>
  <script>
// ※接続情報※
  const HOST = "HHHHHHHH.iot.ap-northeast-1.amazonaws.com";
  const ACCESSKEYID = "AAAAAAAAAAAAAAAAAAAA";
  const SECRETACCESSKEY = "SSSSSSSSSSSSSSSSSSSSSSSSSSSSSSSSSSSSSSSSS";
  const TOPIC = 'pal/amb0001';

  /** 署名バージョン4を作る部分 **/
  function SigV4Utils() {};

  SigV4Utils.getSignatureKey = function (key, date, region, service) {
    var kDate = AWS.util.crypto.hmac('AWS4' + key, date, 'buffer');
    var kRegion = AWS.util.crypto.hmac(kDate, region, 'buffer');
    var kService = AWS.util.crypto.hmac(kRegion, service, 'buffer');
    var kCredentials = AWS.util.crypto.hmac(kService, 'aws4_request',
'buffer');
    return kCredentials;
  };

  function makeSignedUrl(host, accessKeyId, secretAccessKey) {
    // hostからリージョン(ap-northeast-1など)を求める
    var region = host.match(/.+\.(.*?)\.amazonaws\.com$/)[1];

    // 現在の日時をISO8601形式で取得
    datetime = AWS.util.date.iso8601(new Date()).replace(/[:\-]|\.\d{3}/g,
'');
    date = datetime.substr(0, 8);

    // クレデンシャルスコープ(認証範囲)
    var credentialScope = date + '/' + region + '/iotdevicegateway/aws4_
```

```
request';

    //問い合わせに含めるクエリ文字列
    var canonicalQuerystring =
      'X-Amz-Algorithm=AWS4-HMAC-SHA256' +
      '&X-Amz-Credential=' + encodeURIComponent(accessKeyId + '/' +
credentialScope) +
      '&X-Amz-Date=' + datetime +
      '&X-Amz-SignedHeaders=host';

    // リクエスト文字列
    // ヘッダ
    var headers = 'host:' + host + '¥n';
    // ペイロードなし
    var payloadHash = AWS.util.crypto.sha256('', 'hex');
    // リクエスト
    var request = 'GET¥n' + '/mqtt¥n' + canonicalQuerystring + '¥n' +
headers + '¥nhost¥n' + payloadHash;

    // 署名すべき文字列
    var stringToSign = 'AWS4-HMAC-SHA256¥n' + datetime + '¥n' +
credentialScope + '¥n' + AWS.util.crypto.sha256(request, 'hex');
    // 署名するキー
    var signingKey = SigV4Utils.getSignatureKey(secretAccessKey, date,
region, 'iotdevicegateway');
    // 署名
    var signature = AWS.util.crypto.hmac(signingKey, stringToSign, 'hex');

    // クエリ文字列の後ろに、いま計算した署名を付ける
    canonicalQuerystring += '&X-Amz-Signature=' + signature;

    // URLを算出
    url = 'wss://' + host + '/mqtt' + '?' + canonicalQuerystring;

    return url;
  }

  // データを受信したときの処理をする関数
  function onMessage(message) {
    var div = document.getElementById('msg');
    div.innerHTML += '<p>' + message.payloadString + '</p>';
  }

  function onStart() {
    // 接続先URL（署名付き）を作る
    var requestUrl = makeSignedUrl(HOST, ACCESSKEYID, SECRETACCESSKEY);

    // クライアントIDはランダムな文字列にする
    clientId = Math.random().toString(16).substring(2);

    // 接続
```

```
    // クライアントオブジェクトを生成
    var client = new Paho.MQTT.Client(requestUrl, clientId);

    // 接続オプションならびに接続完了・失敗処理の関数
    var connectOptions = {
        onSuccess: function(){
            // 接続完了
            // サブスクライブする
            client.subscribe(TOPIC);
            alert("Connected");
        },
        onFailure: function() {
            // 接続失敗
            alert("Failed");
        },
        useSSL: true,
        timeout: 3,
        mqttVersion: 4,
    };

    // データを受信したときの関数を設定
    client.onMessageArrived  = onMessage;

    // 接続
    client.connect(connectOptions);
    //alert(requestUrl);
  }
  </script>
</head>

<body>
<h1>WebSocketテスト</h1>
<input type="button" value="開始" onclick="onStart()">

<div id="msg"></div>


</body>
</html>
```

● S3バケットへの配置

リスト6-5のプログラムを作ったら、すでに作っておいた、Static website hostingを有効にしたS3バケットにアップロードしてください(**図6-52**)。

ここではファイル名を「websocket01.html」とします。

そしてブラウザから、S3バケットのエンドポイントに基づくURL(前掲の**図6-38**で確認)で、アクセスしてください。

```
http://バケット名.s3-website-ap-northeast-1.amazonaws.com/websocket01.html
```

ブラウザで画面が表示されたら、[開始]ボタンをクリックします。

すると、AWS IoT Coreのサブスクライバとして登録されます。

その後、パブリッシャがデータを送信(すでに作った**リスト6-1**や**リスト6-2**を実行)すると、その値が画面に表示されます。

この値は、**リスト6-1**や**リスト6-2**を実行したぶんだけ追記されます(**図6-53**)。

アップロード
① ファイルの選択
② アクセス許可を設定する
③ プロパティを設定する
④ 確認
1 ファイル　サイズ: 4.1 KB　ターゲットパス: iotexample012345
websocket01.html
- 4.1 KB
アップロード
次へ

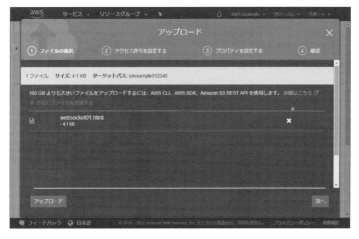

図6-52　S3バケットにアップロードする

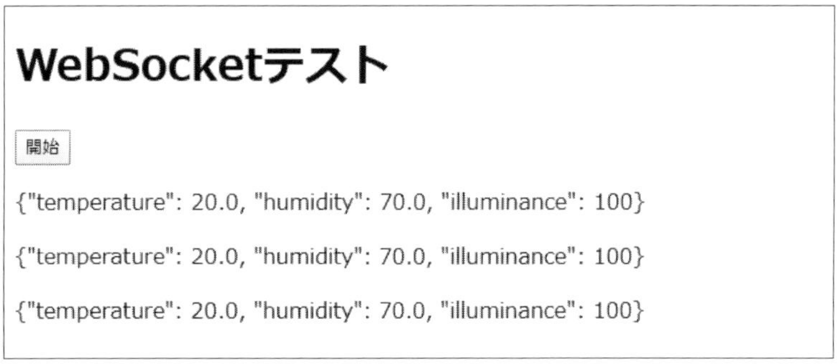

WebSocketテスト
開始
{"temperature": 20.0, "humidity": 70.0, "illuminance": 100}
{"temperature": 20.0, "humidity": 70.0, "illuminance": 100}
{"temperature": 20.0, "humidity": 70.0, "illuminance": 100}

図6-53　リスト6-5の実行結果

● 署名バージョン4を作る

動作確認がとれたところで、どのような動きになっているのか、プログラムを解説します。

　プログラムは、「署名バージョンを作る部分」と「MQTT over Websocketで通信する部分」の2つに分かれます。

　まずは、前者から説明します。

・AWS SDKライブラリ

　署名バージョン4の作成には、「AWS SDKライブラリ」を使っています。

　このライブラリは、次のように読み込んでいます。

【AWS SDK for JavaScript】

```
https://aws.amazon.com/jp/sdk-for-browser/
```

```
<script src="https://sdk.amazonaws.com/js/aws-sdk-2.1.12.min.js"></
script>
```

・署名バージョン4を作る

　署名バージョン4は、「ホスト名」「アクセスキーID」「シークレットアクセスキー」を基に生成します。

```
const HOST = "HHHHHHHH.iot.ap-northeast-1.amazonaws.com";
const ACCESSKEYID = "AAAAAAAAAAAAAAAAAAAA";
const SECRETACCESSKEY = "SSSSSSSSSSSSSSSSSSSSSSSSSSSSSSSSSSSSSSSS";
```

　生成するルーチンは、「makeSignedUrl」という関数にまとめています。

```
function makeSignedUrl(host, accessKeyId, secretAccessKey) {
    ・・・署名バージョン4を生成する・・・
}
```

　この処理内容は、AWSが決めたことであり、その内容を我々が理解する必要は、ほぼありません。

　知りたいのは、その使い方です。

　プログラムでは、次のようにして、署名バージョン4を生成しています。

```
var requestUrl = makeSignedUrl(HOST, ACCESSKEYID, SECRETACCESSKEY);
```

　このようにして求めたURLは、後ろにいくつかの文字列が付き、たとえば、次のような文

字列になっています。

　これが「**署名バージョン4**」です。

---

wss://a1impxkhnp73qp-ats.iot.ap-northeast-1.amazonaws.com/mqtt?X-Amz-Algorithm=AWS4-HMAC-SHA256&X-Amz-Credential=AKIA2LFEVDNDCU7HLUR6%2F20200309%2Fap-northeast-1%2Fiotdevicegateway%2Faws4_request&X-Amz-Date=20200309T151234Z&X-Amz-SignedHeaders=host&X-Amz-Signature=5bd0e39d4e0a5bccde2f74fb3eec5fe5c291f103e8417065b2e136b171406f7f

---

　この長い文字列によって、正しいユーザーかどうかを判定します。

　署名バージョン4は、有効期限があり、その有効期限を過ぎたものは無効になります
　上記のURLは、本書が発刊されたときにアクセスしても、もう、利用できません。

　MQTT over WebSocketで通信するときは、AWS IoT Coreのエンドポイントに接続するのではなく、このように求めた署名バージョン4を使う、それだけ理解していれば充分です。

　より詳しい内容については、下記のドキュメントを参考にしてください。ここで提示しているプログラムも、下記のドキュメントの記載に基づいて作成(もしくは提示されている関数をそのまま採用)したものです。

【MQTT over WebSocket プロトコル】

https://docs.aws.amazon.com/ja_jp/iot/latest/developerguide/mqtt-ws.htm

---

● MQTT over WebSocketで通信する

　次に、MQTT over WebSocketで通信する部分を説明します。

　この部分は、AWSに固有のものではなく、MQTT over WebSocketを使うものすべてに共通の話です。

　ここでは、「Eclipse Pahoライブラリ」を使っています。次のように読み込んでいます。

【Eclipse Paho JavaScript Client】

https://www.eclipse.org/paho/clients/js/

```
<script src="https://cdnjs.cloudflare.com/ajax/libs/paho-mqtt/1.0.1/
mqttws31.js" type="text/javascript"></script>
```

　Eclipse Paho JavaScript Clientで通信するには、まず、「**クライアントオブジェクト**」を作ります。

```
// クライアントオブジェクトを生成
```

```
var client = new Paho.MQTT.Client(requestUrl, clientId);
```

そして初期設定をします。
初期設定は、2つあります。

・接続時のオプション
接続時のオプションを定めます。
ここには、「成功したときの処理」と「失敗したときの処理」「タイムアウト」「SSLを使うか
どうか」「MQTTのバージョン」が含まれます。

```
var connectOptions = {
    onSuccess: function(){
        // 接続完了
        // サブスクライブする
        client.subscribe(TOPIC);
        alert("Connected");
    },
    onFailure: function() {
        // 接続失敗
        alert("Failed");
    },
    useSSL: true,
    timeout: 3,
    mqttVersion: 4,
};
```

上記のコードで確認しておきたいのは、接続完了したときに呼び出される「onSuccessメソッド」です。

ここでは、次のようにsubscribeを実行して、サブスクライブするようにしています。

こうすることで、MQTTブローカーに該当のトピックでデータが届いたとき、そのメッセージが届くようになります。

```
client.subscribe(TOPIC);
```

このようにsubscribeを実行しないと、メッセージが届かないので注意してください。

・メッセージの処理関数
メッセージが届いたときは、「onMessageArraived」で指定した関数が実行されます。
ここでは次のように、「onMessage関数」を指定しています。

```
client.onMessageArrived  = onMessages;
```

onMessages関数では、次のように処理しています。

```
function onMessage(message) {
    var div = document.getElementById('msg');
    div.innerHTML += '<p>' + message.payloadString + '</p>';
}
```

届いたメッセージは、引数「**message**」で取得できます。
この「**payloadString**」が、実際に届いたメッセージの文字列です。

これはすでに、**図6-53**で見たように、

```
{"temperature": 20.0, "humidity": 70.0, "illuminance": 100}
```

といった、「パブリッシャ側」(**リスト6-1**や**リスト6-2**)から送信したメッセージ、そのものです。

＊

上記の準備ができたら、「connectメソッド」を呼び出して接続します。

```
client.connect(connectOptions);
```

これで、「接続」→「接続完了する」→「onSuccessが呼び出される」→「subscribeメソッドを呼び出す」→サブスクライバとして登録され、以降、メッセージが届く——と、onMessageArraivedで指定しておいた関数が実行され、メッセージを受信できる、という、一連の処理が始まります。

■ グラフできれいに表示する

これでメッセージの取得ができました。
あとは、どのように見栄え良く表示するかというユーザーインターフェイスだけの問題です。

幸い、JavaScriptには、見栄えのよい表示を実現するための、たくさんのライブラリがあります。

ここでは、そうしたライブラリを活用して、**図6-54**のようにグラフ表示するサンプルを作ってみます。

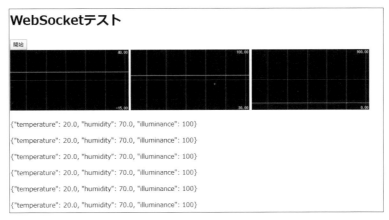

図6-54 グラフ表示するサンプル

● リアルタイムでグラフ表示する簡単ライブラリ

グラフ表示するライブラリはたくさんあります。

ここでは、左から右にリアルタイムで流れるグラフを作りやすい、「Smoothie Charts」というライブラリを使います。

下記のサイトから、「smoothie.js」をダウンロードし、S3バケットに置いておいてください。

【Smoothie Charts】

http://smoothiecharts.org/

● グラフを描画するプログラム

実際に、**図6-54**に示したグラフを実現するサンプルを、**リスト6-6**に示します。

違いは、「メッセージを受信したときの処理」だけなので、**リスト6-5**と同じ部分は、省略しています。

リスト6-6 Smoothie Chartsを用いたグラフのサンプル(webgraph.html。文字コードはUTF-8)

```
…略…
 <!-- Smoothie Charts -->
 <script type="text/javascript" src="smoothie.js"></script>
 <script>
…略…
 // データを受信したときの処理をする関数
 function onMessage(message) {
   var div = document.getElementById('msg');
   div.innerHTML += '<p>' + message.payloadString + '</p>';

   // タイムラインに描画する
   var data = JSON.parse(message.payloadString);
   var now = Date.now();
   for (k in data) {
     timeline[k].append(now, data[k]);
```

```
      }
    }

  function onStart() {
    // グラフの準備
    var graphkey = {
      'temperature' : {'min': -15, 'max' : 40},
      'humidity': {'min': 30, 'max' : 100},
      'illuminance' : {'min': 0, 'max' : 900}
    };

    for (k in graphkey) {
      smootie[k] = new SmoothieChart(
                   {
                     minValue : graphkey[k].min,
                     maxValue : graphkey[k].max
                   });
      // 描画先を設定
      smootie[k].streamTo(document.getElementById('graph_' + k), 10000);

      // タイムラインを作る
      timeline[k] = new TimeSeries();
      smootie[k].addTimeSeries(timeline[k]);
    };

…略…
<h1>WebSocketテスト</h1>
<input type="button" value="開始" onclick="onStart()">

<!-- グラフを描画する場所 -->
<div class="view">
  <canvas id="graph_temperature"></canvas>
  <canvas id="graph_humidity"></canvas>
  <canvas id="graph_illuminance"></canvas>
</div>
<div id="msg"></div>
…略…
```

プログラム解説　Smoothie Chartsを用いたグラフのサンプル

①ライブラリの読み込み

まずは、次のようにして、Smoothie Chartsのライブラリを読み込みます。

```
<script type="text/javascript" src="smoothie.js"></script>
```

②グラフの描画領域

グラフの描画領域をあらかじめ作っておきます。

次のようなcanvasを用意しました。

```
<div class="view">
  <canvas id="graph_temperature"></canvas>
  <canvas id="graph_humidity"></canvas>
  <canvas id="graph_illuminance"></canvas>
</div>
```

それぞれのidは、「**graph_temperature**」「**graph_humidity**」「**graph_illuminance**」とします。

アンダースコア（_）以降は、MQTTでやりとりする、

```
{"temperature": 20.0, "humidity": 70.0, "illuminance": 100}
```

の、キー部分に合致するようにしてあります。

③初期化

このグラフの描画領域を初期化します。

これは、（1）SmootieChartを作る、（2）TimeSeriesを作って結びつける、という操作によって処理します。

```
// グラフの準備
var graphkey = {
  'temperature' : {'min': -15, 'max' : 40},
  'humidity': {'min': 30, 'max' : 100},
  'illuminance' : {'min': 0, 'max' : 900}
};

for (k in graphkey) {
  smootie[k] = new SmoothieChart(
                {
                  minValue : graphkey[k].min, maxValue : graphkey[k].max
                });
  // 描画先を設定
  smootie[k].streamTo(document.getElementById('graph_' + k), 10000);

  // タイムラインを作る
```

```
   timeline[k] = new TimeSeries();
   smootie[k].addTimeSeries(timeline[k]);
};
```

グラフを初期化するときは、「**最小**」と「**最大**」の値（グラフの縦方向の範囲）を決めることができます。

たとえば温度を示すtemperatureのグラフは、「-15」から「40」の範囲としました。

```
'temperature' : {'min': -15, 'max' : 40},
```

こうして用意したグラフの「TimeSeriesオブジェクト」に対して、描画したいデータを書き込むと、その値がグラフになります。

この初期化処理では、それぞれtimeline配列に設定しており、それぞれ、
```
timeline[' temperature']、timeline[' humidity ']、timeline[' illuminance ']
```
でアクセスできるようにしています。

④データの描画

データが届いたときに呼び出されるonMessage関数では、グラフを描画します。
まずは、届いたデータを「**JSON.parse**」で戻してオブジェクトに変換します。

```
var data = JSON.parse(message.payloadString);
```

こうすると、届いた、
```
{"temperature": 20.0, "humidity": 70.0, "illuminance": 100}
```

というデータは、
```
data['temperature']、data[' humidity ']、data[' illuminance ']
```
で、アクセスできるようになります。

描画するには、先ほど初期化処理で作っておいたTimeSeriesオブジェクトに書き込みます。

X軸の値としては、現在の日時を渡しました。

```
var now = Date.now();
for (k in data) {
  timeline[k].append(now, data[k]);
}
```

受信データをCSVとして保存する

MQTTやAWS IoT Coreには、「データを永続化する機能」はありません。
届いたデータを、サブスクライバとなる配信先に送るだけです。

データを永続化したいなら、「データベース」や「CSV」として保存する必要があります。

AWS IoT Coreの「ルール機能」を用いて、**届いたデータをデータベースに保存する方法**を説明します。

■ IoTルール

AWS IoT Coreでは、データが届いたときに何か処理する「**IoTルール**」を設定できます。
IoTルールを構成することで、たとえば、次のような処理ができます。

・Amazon DynamoDB
データベースに保存します。

・Amazon S3
S3バケットに対して、「**1メッセージ1ファイル**」として保存します。

・Amazon SNS
通知を送信します。

・Amazon SQS
他のシステムと連携する「キューイングシステム」に登録します。

・AWS Lambda
あらかじめ登録しておいた関数を実行します。

・Amazon Kinesis Stream
届いたデータを処理し、即時に加工して、他のシステムに送信します。

・Amazon Kinesis Firehose
届いたデータを処理し、S3に保存したり、「Redshift」と呼ばれる分析サービスに送信したりします。

・Amazon CloudWatchメトリクスにメッセージを送信
AWSの監視システムである「CloudWatchメトリクス」にメッセージを送信します。

・Amazon CloudWatchアラームに状態を変更する

AWSの監視システムである「CloudWatch」のアラーム(警告)の状態を変更します。

・Amazon Elasticsearch Serviceにメッセージを送信
分析サービスである「Elasticsearch Services」に送信します。

・ダウンストリームHTTPSエンドポイントにメッセージを送信
あらかじめ用意した「HTTPSエンドポイント」を呼び出します。

・他のトピックへの転送
他のトピックに転送します。

以降の手順では、「**DynamoDB**」と連携し、届いたデータを永続化していきます。

■ DynamoDBと連携する

「**DynamoDB**」は、「**キーバリューストア型**」のデータベースです。
テーブルの作成では、キーとなる項目だけを決めれば、すぐに使えます。

AWS IoT Coreにて、DynamoDBに届いたデータを保存するには、次のようにします。

手 順　IoTルールを設定しDynamoDBに保存する

[1]　ルールの作成をはじめる
AWS IoT Coreコンソールで、[ACT]メニューから[ルール]をクリックします。
ルールの設定画面が表示されたら、[**ルールの作成**]ボタンをクリックします(**図6-55**)。

図6-55　ルールの作成を始める

[2] ルール名を付ける

ルールの作成画面が表示されます。

まずは、[名前]に、ルール名を入力します。

どのような名前でもよいですが、ここでは、「sendtodb」とします（**図6-56**）。

図6-56　ルール名を付ける

[3] ルールクエリステートメントとアクションを追加する

下のほうにスクロールすると、「**ルールクエリステートメント**」があります。

これは、「**どのような条件のとき**」に「**どのような項目**」を取り出すかをSQLのSELECT文で指定する項目です。

デフォルトでは、次のように設定されています。

```
SELECT * FROM 'iot/topic'
```

これは、「iot/topic」というトピック名に合致するものの「項目すべて（*）」を対象にするという意味です。

今回のプログラムでは、トピック名を「pal/amb0001」のようにしていますから、次のように変更します。

```
SELECT * FROM 'pal/#'
```

これで「pal/」からはじまるトピックが対象となります。

　変更したら、次に、アクションを追加するため、[**アクションの追加**]ボタンをクリックします（**図6-57**）。

図6-57　ルールクエリステートメントを設定しアクションを追加する

[4]　DynamoDBを選択する

　どのような操作をするのかを決めます。

　ここでは、DynamoDBに保存したいので、[DynamoDBテーブルにメッセージを挿入する]を選択して[アクションの設定]をクリックします（**図6-58**）。

図6-58　DynamoDBを選択する

[5]　リソースを作成する

書き出し先のテーブルを選択します。

まだテーブルがないので、この場で作ります。

[**新しいリソースを作成する**]をクリックしてください（**図6-59**）。

図6-59　リソースを新規作成する

[6]　テーブルを作成する

別ウィンドウ（別タブ）で、DynamoDBコンソールが開きます。

[**テーブルの作成**]をクリックしてください（**図6-60**）

図6-60　テーブルを作成する

[7]　テーブル名とプライマリーキーを設定する

「テーブル名」と「プライマリーキー」を設定します（**図6-61**）。

ここでは、テーブル名を「**sensottable**」とします。

プライマリーキーは、レコードを特定するフィールド（列）となるものです。

パーティションキーを「**topic**」という名前にし、［ソートキーの追加］にチェックを付けて「**timestamp**」という名前にします。

こうすることで、このテーブルに「topic」と「timestamp」という2つの列ができ、この値で絞り込んだり、ソートしたりできるようになります。

これらの列には、MQTTで受信した「**トピック名**」と「**受信日時**」を、それぞれ格納するように、あとで構成します。

入力したら、［**作成**］ボタンをクリックします。

メ モ

　あとで実際にデータを格納するとわかりますが、DynamoDBでは列定義しなくても、好きな列名に、好きな値を格納できます。

　しかし、それらの列の値を基準にデータを絞り込んだり、ソートしたりすることはできません。

　絞り込みや検索などの対象列は、明示的にパーティションキーやソートキーとして構成した列だけです。

図6-61　テーブル名とプライマリーキーを設定する

[8]　作成完了

テーブルが作成されました。

ブラウザで開いている、このDynamoDBのタブを閉じて、「AWS IoT Coreコンソール」
に戻ってください（**図6-62**）。

図6-62　テーブルが作成された

[9]　データベース項目の設定

IoTルールの設定画面に戻ったら、いま作成したテーブルを選択します。
そして、どの列に、受信したどの値を格納するのかを設定します。

次のように入力してください（**図6-63**）。

・パーティションキー／Hash Keyのタイプ

選択したテーブルの「パーティションキーの値」を入力します。
「topic」のように、テーブルに作成したパーティションキー名が**自動入力**されるはずです。

・パーティションキー値

パーティションキーに格納する値を設定します。
ここでは「${topic()}」と入力します。

・レンジキー／Range key type

選択したテーブルのプライマリーソートキーを入力します。
「**timestamp**」のように、テーブルに作ったプライマリーソートキー名が、自動入力される
はずです。

・レンジキーの値

　レンジキー（プライマリーソートキー）に格納する値を設定します。

　「**${timestamp()}**」と入力してください。

・この列にメッセージデータを書き込む

　受信データを書き込む列名を入力します。

　どのような名前でもよいのですが、ここでは「**data**」という名前とし、「data列」に書き込むことにします。

> ※これまでの手順では、DynamoDBのテーブルにdata列を作っていませんが、問題ありません。
> 　DynamoDBで、列を事前に作っておく必要はありません。

・操作

　テーブルに対して、どのような操作をするのかを選択します。

　ここでは追記したいので「**INSERT**」を指定します。

> **メモ**　　操作には、INSERT以外に、更新の「UPDATE」、削除の「DELETE」を指定することもできます。

図6-63　データベース項目の設定

　上記で指定した「${topic()}」や「${timestamp()}」は、SQL式の「**関数**」と呼ばれるもので、前者は「**トピック名**」、後者は「**タイムスタンプ**」を示します。

　それ以外にも、「算術計算」や「文字列操作」などの関数があります。

【SQL式の関数】

https://docs.aws.amazon.com/ja_jp/iot/latest/developerguide/iot-sql-functions.html

[10]　ロールの作成

　次に、この変換機能を実行するIAMロールを選択します。

　ここでは、[ロールの作成]をクリックして、新規ロールを作ります。
　どのようなロール名でもかまいませんが、ここでは「**iotdbrole**」というロール名にしておきます（**図6-65**）。

> **メモ**　ロールとは、「役割」（role）という意味で、AWSにおいては、プログラムに対して設定する権限設定のことです。
> 　IAMユーザーが「人」に対する設定なのに対し、IAMロールは「動くプログラム」に対する設定で、どちらも権限付けを設定しているという点に変わりありません

図6-64　ロールの作成

175

[11]　アクションの追加

以上で設定完了です。

［**アクションの追加**］ボタンをクリックしてください（**図6-65**）。

図6-65　［アクションの追加］をクリック

[12]　ルールの作成

ルールの作成画面に戻ったら、［**ルールの作成**］ボタンをクリックします（**図6-66**）。

図6-66　ルールの作成

[13]　ルールの作成完了

以上でルールの作成は完了です（**図6-68**）。
必要があれば、ルールをクリックすると、再設定できます。

図6-67　ルールの作成管理完了

● 動作を確認する

DynamoDBにデータを格納する場合、プログラムを書く必要はありません。説明した手順
通りの設定だけで完了しています。

本当にDynamoDBに書き込まれるのか、確認してみましょう。

まずは、**リスト6-1**や**リスト6-2**のサブスクライバを、実行します。

これで、その送信データが、DynamoDBに格納されたはずです。
DynamoDBコンソールを開いて、データが格納されたかを確認してみましょう。

手　順　DynamoDBの内容を確認する

[1]　DynamoDBコンソールを開く

AWSマネジメントコンソールで「DynamoDB」を検索して、DynamoDBコンソールを開
きます（**図6-68**）。

図6-68　DynamoDBコンソールを開く

[2] テーブルを確認する

[テーブル]メニューをクリックします。

するとテーブル一覧が表示されるので、「sensortableテーブル」をクリックして開きます
（図6-69）。

図6-69 テーブルをクリックして開く

[3] 項目を確認する

テーブルが開いたら、[項目]タブをクリックします。

届いたデータが保存されていることがわかります（図6-70）。

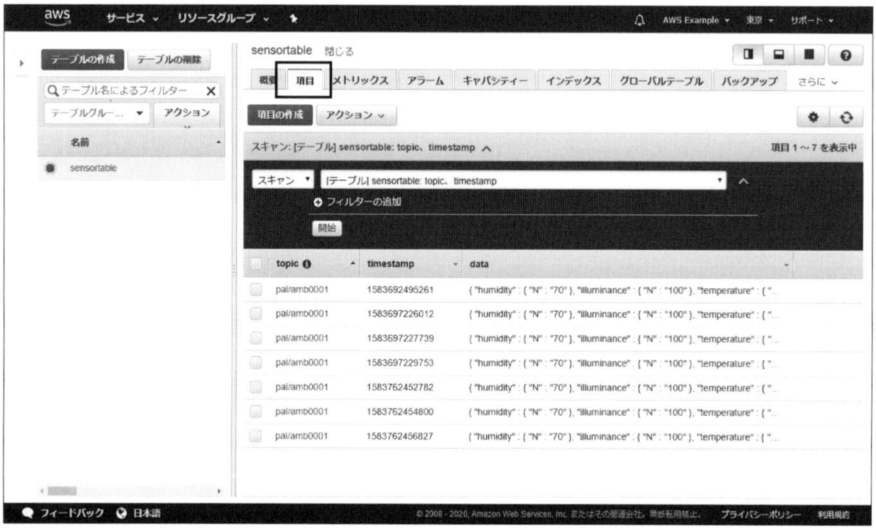

図6-70 項目を確認する

データを見るとわかるように、テーブルには、「topic」「timestamp」「data」の3つの列があります。

このうち「data」(これは**図6-63**で「この列にメッセージデータを書き込む」として設定したものであり変更できます)には、MQTTから届いたデータが、そのまま格納されています。

■ CSVファイルとして返すプログラムを作る

これでデータを格納することはできました。

しかし、DynamoDB上のデータは、そのままだと扱いにくいので、「**CSVファイル**」としてダウンロードできると便利です。

そこで、最後に、CSVファイルとしてダウンロードできるようにする簡単なプログラムを作ってみます。

ここでは、「**API Gateway**」と「**Lambda**」という機能を使い、Webブラウザからアクセスすると、CSVをダウンロードできるようにしてみます(**図6-71**)。

> **メモ**
>
> API GatewayとLambdaは、とても深い内容で、本書では、すべてを語りきれません。
>
> ここでの手法は、AWSにおいて、サーバレスでWebシステムを構成するときの基本的な話です。
>
> 詳細については、Lambdaに関する書物を参考にしてください。
>
> 本書では、このようにすれば実現できるというやり方のみ説明し、細かい説明は省略します。

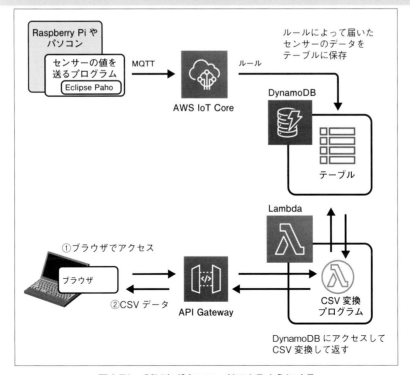

図6-71 CSVをダウンロードできるようにする

● Lambdaのプログラムを作る

では、実際に操作していきます。

Lambdaのコンソールから操作します。

手　順　CSVとしてダウンロードできるプログラムを作る

---

[1]　Lambdaコンソールを開く

AWSマネジメントコンソールで「Lambda」を検索して、Lambdaコンソールを開きます（**図6-72**）。

図6-72　Lambdaコンソールを開く

[2]　Lambda関数を新規作成する

Lambdaコンソールが開いたら、［関数］メニューをクリックして開き、［**関数の作成**］をクリックします（**図6-73**）。

図6-73　Lambda関数を新規作成する

[3] 設計図から作る

Lambda関数の作成画面が表示されます。

ここでは、[設計図の使用]を選択します。

そして、「**microservice-http-endpoint-python**」を選択します。

見つけるのが大変なので、フィルタの追加部分に「micro」などと入力して絞り込むとよいでしょう（**図6-74**）。

選択したら[設定]ボタンをクリックします。

図6-74　microservice-http-endpoint-pythonを選択する

[4] 関数名とロールの作成

関数名を入力します。

ここでは「**getcsv**」という名前にします。

次に、この関数を実行するIAMロールを選択します。

ここでは、[**AWSポリシーテンプレートから新しいロールを作成**]を選択し、ロールを新しく作ることにします。

ロールを作るため、ロール名を入力します。

ここでは「**servicerole**」という名前にします。

デフォルトでは、「シンプルなマイクロサービスのアクセス権限」というポリシーが選択されているので、そのまま、これを選択した状態にしておきます（**図6-75**）。

図6-75　関数名とロールの設定

[5]　API Gateway トリガーを構成する

下のほうにスクロールして、[API]の部分で、[**新規APIの作成**]－[**HTTP API**]を選択します（**図6-76**）。

> **メモ**　API Gatewayは、Web経由で実行できるようにする機能です。

図6-76　HTTP APIを構成する

[6]　CORSを設定する

「CORS」(Cross-Origin Resource Sharing)と呼ばれる設定をします。

これは別ドメインのJavaScriptから、「**XMLHttpRequestオブジェクト**」を使って通信するときに必要となる設定です。

とくに必要ありませんが、付けておいても害はないので、[**追加の設定**]をクリックして開き、その配下の[**CORS**]にチェックを付けておきます(**図6-77**)。

図6-77　CORSを有効にする

[7]　Lambda関数を作る

そのまま下にスクロールすると、ひな形のプログラムがあります。

あとで変更するので、そのままにして、[関数の作成]をクリックします(**図6-78**)。

図6-78　Lambda関数の作成

● DynamoDBにアクセスしてCSVに変換するプログラムを作る

以上で、「Lambda関数」ができましたが、またひな形のままです。

このひな形を、DynamoDBにアクセスしてCSVに変換して返すプログラムに書き換えます。

プログラムを書き換えるには、真ん中の「**getcsv**」という部分をクリックします。

すると、画面下に関数のコードが表示されます。

この部分を**リスト6-7**に示すプログラムに置き換え、[**保存**]ボタンをクリックしてください（**図6-79**）。

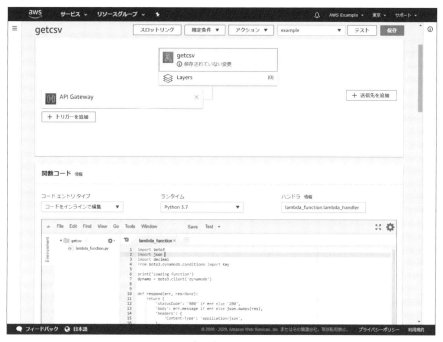

図6-79　プログラムを書き換える

リスト6-7　CSVに変換するプログラム

```python
import boto3
import json
import decimal
from boto3.dynamodb.conditions import Key

print('Loading function')
dynamo = boto3.client('dynamodb')


def respond(err, res=None):
    return {
        'statusCode': '400' if err else '200',
        'body': err.message if err else json.dumps(res),
        'headers': {
```

```python
                'Content-Type': 'application/json',
        },
    }

def lambda_handler(event, context):
    operation = event['httpMethod']
    if operation == 'GET':
        topic = None
        starttime=None
        endtime = None
        if event.get('queryStringParameters'):
            topic = event["queryStringParameters"].get("topic")
            starttime = event["queryStringParameters"].get("start")
            endtime = event["queryStringParameters"].get("end")

        if not topic:
            topic = 'pal/amb0001'
        if not starttime:
            starttime = 0
        if not endtime:
            endtime = 9999999999999

        starttime = decimal.Decimal(starttime)
        endtime = decimal.Decimal(endtime)

        dynamodb = boto3.resource('dynamodb')
        table = dynamodb.Table('sensortable')

        data = []
        response = {}
        response['LastEvaluatedKey'] = None
        while 'LastEvaluatedKey' in response:
            if response['LastEvaluatedKey']:
                response = table.query(
                    KeyConditionExpression=Key('topic').eq(topic) &
Key('timestamp').between(starttime, endtime),
                    ExclusiveStartKey=response['LastEvaluatedKey']
                )
            else:
                response = table.query(
                    KeyConditionExpression=Key('topic').eq(topic) &
Key('timestamp').between(starttime, endtime),
                )

            data += response['Items']

        csv = ""
        csv += ",".join(['topic', 'timestamp', 'temperature', 'humidity',
'illuminance']) + "¥n"

        for item in data:
```

```
        r = [item['topic'], str(item['timestamp']),
            str(item['data']['temperature']),
            str(item['data']['humidity']),
            str(item['data']['illuminance']),
        ]
        csv += ','.join(r) + "¥n"

    return {
        'statusCode': '200',
        'body': csv,
        'headers': {
            'Content-Type': 'text/csv',
        },
    }

return respond(ValueError('Unsupported method "{}"'.format(operation)))
```

● API エンドポイントを確認する

以上でプログラムは完成です。

このプログラムにアクセスするためのURLを確認しましょう。

それには、画面の[**API Gateway**]の部分をクリックします。

すると、下に「APIエンドポイント」が表示されます。

このURLにブラウザでアクセスすると、このプログラムが実行されます(**図6-80**)。

図6-80　APIエンドポイントを確認する

● DynamoDBへのアクセス権限を付与する

実際にやってみるとわかりますが、この段階で、ブラウザでAPIエンドポイントにアクセスしても、エラーになります。

これは、このLambdaのプログラムの「**実行権限**」（**実行ロール**）が、DynamoDBに対するアクセス権をもたないためです。

ここまでの構成では、Lambdaを実行するために、「servicerole」というロールを作っています。

このロールに対して、DynamoDBへの読み取りアクセス権を加えます。

手 順 DynamoDBへの読み取りアクセス権を加える

[1] IAMコンソールを開く

AWSマネジメントコンソールで「IAM」を検索して、「IAMコンソール」を開きます。

[2] ロールを開く

［ロール］メニューをクリックします。

すると、IAMロール一覧が表示されるので、そこから、この手順で作ってきたservicerole をクリックして開きます（**図6-81**）。

図6-81　ロールを開く

[3]　ポリシーをアタッチする

[アクセス権限]タブの[**ポリシーをアタッチします**]をクリックします（**図6-82**）。

図6-82　ポリシーをアタッチする

[4]　AmazonDynamoDBReadOnlyAccessポリシーをアタッチする

ポリシー一覧が表示されます。

「DynamoDB」などと入力してポリシーのフィルタで絞り込み、「**Amazon DynamoDBReadOnlyAccess**」にチェックを付け、[ポリシーのアタッチ]ボタンをクリックします（**図6-83**）。

図6-83　AmazonDynamoDBReadOnlyAccessをアタッチする

＊

以上で完了です。

ブラウザで、APIエンドポイントを開いてみてください。
CSV形式のデータとしてダウンロードできるはずです。

メモ

　リスト6-7の実装では、「start」「stop」「topic」のパラメータを付与することで（つまり、/getcsv?start=XXX&stop=XXX&topic=XXXのように）、「start」から「stop」の期間内のメッセージ（指定する値はエポック秒）だけに絞り込んだり、特定のトピックの値しか取り出さないなどができます。

コラム　CSVファイルをグラフにする

　本書では、CSVファイルとしてダウンロードするところまでを説明していますが、このようにして作成したCSVは、グラフにすることもできます。

　CSVをグラフにするライブラリはいくつかありますが、比較的短いコードで実現できるのが、「Plotly JavaScript」というライブラリです。

　参考までに、Plotly JavaScriptを使ったサンプルを**リスト6-8**に示します。

　実行すると、**図6-84**のようにグラフが表示されます。

【Plotly JavaScript】

```
https://plot.ly/javascript/
```

リスト6-8　Plotly JavaScriptを使ってグラフを描くサンプル

```html
<!DOCTYPE html>
<html>
<head>
  <meta charset="UTF-8">
  <script src="https://cdn.plot.ly/plotly-latest.min.js"></script>
  <script>
  function onStart() {
          csvURL = 'https://10pfq6rzv6.execute-api.ap-northeast-1.
amazonaws.com/default/getcsv';
          Plotly.d3.csv(csvURL, function(rows){
          var drawdata = {
                  type : 'scatter',
                  mode : 'makers',
                  x : rows.map(function(row) {
                          return row['timestamp'];
                  }),
                  y : rows.map(function(row){
                          return row['temperature'];
                  })
          };
          var layout = {
                  title : '温度グラフ',
                  titlefont: {size : 14},
```

```
                    yaxis : {
                            title : '温度',
                            showgrid : true,
                            range: [ -10, 40]
                    },
                    xaxis : {
                            title : '日時',
                            showgrid : false,
                            tickformat : "%H:%M:%S"
                    }
            }
            Plotly.plot(document.getElementById('garea'),
                    [drawdata], layout);
        });
    }
  </script>
</head>

<body>
<h1>WebSocketテスト</h1>
<input type="button" value="開始" onclick="onStart()">

<!-- グラフを描画する場所 -->
<div id="garea" style="width:600px;height:250px">
</div>

</body>
</html>
```

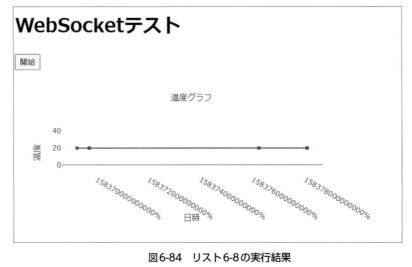

図6-84　リスト6-8の実行結果

6-8	まとめ

　この章では、MQTTを使って、センサーの値を受け取り、それをブラウザで表示するための方法を説明しました。

　そしてその際、サーバを構築するのではなくて、AWSのさまざまなサービスを連携して動かしました。

　MQTTは、「モノ」を使うときに、とてもよく使われるプロトコルです。Raspberry Piから通信するときはMQTTをそのまま、JavaScriptで使うときは、MQTT over WebSocketを使って通信できます。

　本書は、MQTTやAWS IoT Coreをはじめとしたクラウドサービスの、ほんのさわりの機能しか使っていませんが、MQTTの通信の基本は説明したつもりです。

　あとは、ビジュアル的に肉付けするなど、ユーザーインターフェイスを工夫すれば、「モノの状態をWebブラウザで見る」という、さまざまなアプリケーションを、きっとつくっていけるでしょう。

インタラクティブモード

TWELITEシリーズには、各種設定値を変更する「インタラクティブモード」
と呼ばれる設定変更モードがあります。
このモードに切り替えることで、動作の挙動を変更できます。

■ インタラクティブモードと入り方

インタラクティブモードとは、各種設定を変更するモードです。

パソコンなどに接続して、「Tera Term」などのターミナルソフトから操作することで、電波のチャンネルや強度、センサーの値を送信する時間間隔などを変更できます。

MONOSTICKはUSBポートに接続した状態で操作すればいいのですが、TWELITE DIPやTWELITE PALは、USB接続できるようにする「TWELITE R」を使って、パソコンと接続します。

何度も抜き差しすると、ピンが折れてしまうことがあるので、アタッチメントを使うとよいでしょう（**図A-1**）。

> **メモ**
> TWELITE PALの場合は、TWELITE Rの先端をTWELITE PALに接続する方法もとれます（後掲の**図A-2**）。

図 A-1　TWELITE Rを使ってパソコンとUSB接続する

インタラクティブモードへの入り方は、「親機」か「子機」かによって異なります。

①親機の場合

「PALアプリの親機版」(App_PAL_Parent-XXXXXXXX.bin) を書き込んだ「MONOSTICK」や「TWELITE DIP」「TWELITE PAL」では、ターミナルソフトで接続したあと、**「＋」を3回**（「＋＋＋」）押します。

すると、ターミナル画面に「**インタラクティブモード**」のメニューが表示されます。

> **メモ**
> Windowsの場合は、ターミナルソフトの代わりに、TWELITEのプログラムを書き換えるときに使う「**TWELITE プログラマ**」を使うこともできます。
> TWELITE プログラマには、画面上に、[＋＋＋]というボタンがあり、、このボタンをクリックすると、インタラクティブモードに入れます。

②子機の場合

「工場出荷時のTWELITE PAL」や「PALアプリの子機版」(App_PAL_EndDvicew-XXXXXXXX.bin) を書き込んだMONOSTICKやTWELITE DIP、TWELITE PALでは、「＋＋＋」のコマンドでインタラクティブモードに入ることはできません。

インタラクティブモードに入るには、TWELITEの「DIO12ピン」を「**LO**」にした状態で電源を投入します。

TWELITE PALでは、**図A-2**のように装着するとよいでしょう。
「TWELITE R」の場合は、OOとOOをジャンパで接続する必要がありますが、「TWELITE R2」の場合は不要です。

> **注意**
> TWELITE PALを装着するときは、**必ず、コイン電池を抜いて**ください。

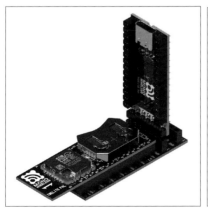

図A-2　先端に取り付ける。
左は「TWELITE R」、右が「TWELITE R2」

■ インタラクティブモードでの操作

インタラクティブモードに入ると、次のような画面が表示されます。

```
--- CONFIG/App_PAL V1-00-0/SID=0x810ea91d/LID=0x00/RC=8901/ST=0 ---
 a: set Application ID (0x67726305)
 i: set Device ID (--)
 c: set Channels (15)
 x: set Tx Power (13)
 b: set UART baud (38400)
 B: set UART option (8N1)
 k: set Enc Key (0xA5A5A5A5)
 o: set Option Bits (0x00000001)
 t: set Transmission Interval (1)
 p: set Senser Parameter (0x00000000)
---
 S: save Configuration
 R: reset to Defaults
```

ここで各種メニューに相当するキーを入力して、設定変更操作できます。

● 設定一覧

設定一覧は、**表A-1**の通りです。

表A-1　設定一覧

コマンド	設定項目	初期値	説　明
a	アプリケーションID	0x67726305	混線しないようにする識別値。 この値が同じTWELITE同士だけがつながる
i	論理デバイスID		子機の論理デバイスID。1～100までの値
c	周波数チャンネル	15	チャネル(11～26)を選択する
x	送信出力	13	出力量を調整する2桁の値。 2桁目(10の位)：再送回数。 「0」で再送なし。 省略可。 1桁目(1の位)：出力強度。 「3」が最強。 「2」「1」「0」と1段階小さくするたびに、出力が-11.5db(送信範囲の4分の1に相当)低下する
b	UARTボーレート	115200	入力値にかかわらず115200bps固定。 変更できない
B	UARTパリティ	8N1	入力値にかかわらず「8N1」で固定。 変更できない

k	暗号化鍵	0xA5A5A5A5	通信の暗号化鍵。通信グループ内は、すべて同一の値に設定する
o	オプションビット	0x00000001	各種詳細設定のビットの組み合わせ(**表1-3**を参照)
t	送信間隔	1	定期送信パケットの送信間隔。単位は分。 「0」を設定すると、連続送信モードになる。 「0~4095」の値で指定可能。
p	センサー固有パラメータ	0	PALごとに決められたパラメータの設定。「0」以上の16進数で指定する(**表1-2**を参照)
S	設定値の保存		設定を保存し、モジュールを再起動する
R	初期値に設定を戻す		設定を初期化する

● 動作モード

設定値を切り替えることで、次の3つのいずれかの動作モードで動きます。

デフォルトは「**間欠送信モード**」で、1分間に1回、センサーのデータを送信します。

動作センサーパルでは、「**連続送信モード**」や「**アクティブ検出モード**」に切り替えることができます。

①間欠送信モード(デフォルト)

データを定期的に送信します。

送信間隔は、「**tコマンド**」で変更できます(デフォルトは「t=1」)。

動作センサーパルの場合、それまで受信した加速度のサンプリング値を配列で送信します。このサンプリング値の数は、「**pコマンド**」で変更できます。

②連続送信モード

連続で送信します。

tコマンドを「**0**」に設定すると、このモードになります。

サンプリング周波数は、「**pコマンド**」で変更できます。

③アクティブ検出モード

加速度があらかじめ設定しておいた閾値(いきち)を超えたときに、データを送信します。

tコマンドを「**0**」に設定します。

加速度の閾値は「**pコマンド**」で設定します。

連続サンプル数も、同じく「**pコマンド**」で設定します。

● センサー固有パラメータ

「pコマンド」では、センサー固有パラメータを設定します。

本書の執筆時点では、動作センサーパルのときのみ、**表1-2**に示す値の組み合わせ（論理和）で設定できます。

表1-2　動作センサーパルの固有パラメータ

設定値（16進数）	意　味
0x???????00～ 0x??????FF	間欠送信モードもしくはアクティブ検出モードの場合、送信するサンプル数を設定する。 **【間欠送信モードのとき】** 送信するサンプル数を、16サンプル単位で設定できる。 サンプル数＝16+16x設定値 0x00000000 の場合：16サンプル（初期設定） 0x00000001 の場合：32サンプル ： 0x00000007 の場合：128サンプル ： 0x000000FF の場合：4096サンプル **【アクティブ検出モードのとき】** 初期値では、加速度が設定値を超えたとき、30サンプルと直後の30サンプルを送信する。直後のサンプル数は、30サンプル単位で設定できる。 サンプル数＝30+30+30x設定値 0x00000000 の場合：60サンプル（初期設定） 0x00000001 の場合：90サンプル ： 0x00000007 の場合：270サンプル ： 0x000000FF の場合：7710サンプル
0x?????0??～ 0x?????F??	加速度のサンプリング周波数を変更できる。 設定値ごとのサンプリング周波数は下記の通り。 0x00000000：25Hz（初期設定） 0x00000100：50Hz 0x00000200：100Hz 0x00000300：190Hz 0x00000400～0x00000F00：未定義

0x????0???～ 0x????F???	アクティブ検出モードの際の閾値。1g単位で指定する。 「X軸」「Y軸」「Z軸」のいずれかの加速度の絶対値が、ここで定めた値（単位はg）を超えたときに、データが送信される。0を指定したときは、アクティブモードが無効になる 例）閾値を2gに設定する場合：0x00002000 ※動作センサーパルを地面に対して水平もしくは垂直に設置した場合、いずれかの軸の加速度の絶対値は1g前後になります。 つまり1は、ほぼ静止を意味するので、本設定値を1にする場合は、よく検証してから設定してください。

● オプションビット

「oオプション」では、動作コマンドを、**表1-3**に示す値の組み合わせ（論理和）で設定できます。

オプションビットは最大32ビット分割り当てられ、8桁の16進数で一括指定します。

表1-3　オプションビット

設定値（16進数）	意　味
0x00000001	各中継機または親機宛に送信し、受信した中継機すべての情報が親機に転送され、シリアル出力される。 この場合、複数の受信パケットを分析することで、一番近くで受信したルータを特定することができる
0x00001000	暗号化通信を有効にする（相手側の暗号化設定もしてください）
0x00010000	UART通信でのメッセージ出力を有効にする

AWSアカウントの作成

AWSを利用するには、「AWSアカウントの作成」が必要です。
ここではAWSアカウントを作って、操作するまでの方法について、簡単に説明します。

メモ

AWSは、しばしばアップデートされます。

最新情報については、「AWSの開始方法」(https://aws.amazon.com/jp/getting-started/)を参考にしてください。

■ AWSアカウントの作成に必要なもの

AWSアカウントの作成には、次のものが必要です。

・クレジットカード(プリペイド型でも可)
・メールアドレス
・電話番号(本人確認に必要)

■ AWSアカウントの作成手順

AWSアカウントを作るには、次のようにします。

手 順 AWSアカウントを作る

[1]　AWSマネジメントコンソールを開く

AWSのWebサイトを開き、[アカウント]―[AWSマネジメントコンソール]を開き、[**今すぐ無料サインアップ**]などの文言のボタンをクリックします(文言や位置は、変わることがあります)(**図B-1**)。

【AWSのWebサイト】

https://aws.amazon.com/

図B-1　新規アカウントの作成を始める

[2]　新規アカウントを作る

　サインインの画面が表示されます。

　[**新しいAWSアカウントの作成**]をクリックして、AWSアカウントの作成を始めます(**図B-2**)。

図B-2　新しいAWSアカウントの作成

[3]　メールアドレス、パスワードなどを入力する

　次の情報を入力して[**続行**]ボタンをクリックします(**図B-3**)。

Eメールアドレス	メールアドレスを入力
パスワード	設定したいパスワードを入力
パスワードの確認	上記と同じもの
AWSアカウント名	アカウントの名前。自分の氏名など、アカウント紐付ける名前を入力

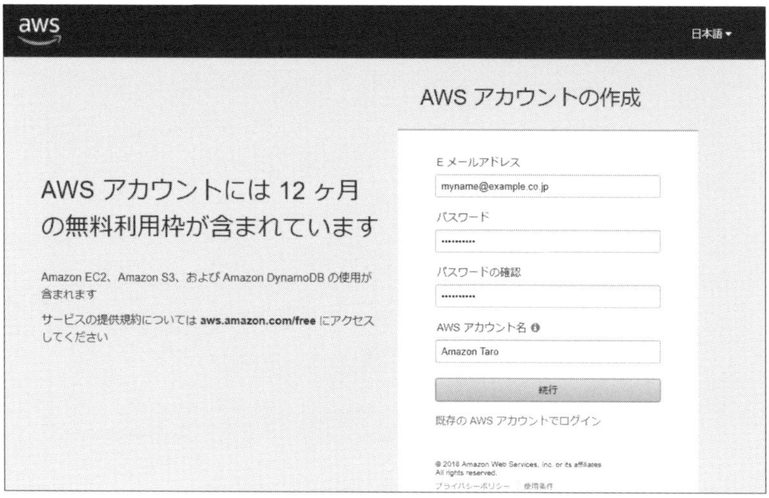

図B-3　AWSアカウントを作成する

[4]　連絡先情報を入力する

電話番号や住所などの連絡先情報を入力し、[**アカウントを作成して続行**]をクリックします(**図B-4**)。

アカウントの種類	[パーソナル]を選択
フルネーム	自分のフルネームです
電話番号	電話番号を入力してください(本人確認の自動電話がかかってくるので、正しい電話番号を入力)
国／地域	[日本]を選択
アドレス	住所の番地以降
市区町村	市区町村
都道府県または地域	都道府県名
郵便番号	郵便番号

図B-4　連絡先情報を入力する

[5]　クレジットカード情報の入力

　決済に使うクレジットカード情報を入力
し、[**セキュアな送信**]ボタンをクリックし
ます(**図B-5**)。

図B-5　支払い情報を入力

[6]　電話による確認

　AWSからの電話(スマホやケータイでも可)を受け、画面に表示された番号を、その電話で
プッシュ入力することで本人確認します。

　電話番号を入力し、セキュリティチェッ
クの部分に、表示されている文字を入力し
て、[すぐに連絡を受ける]ボタンをクリッ
クします(**図B-6**)。

　すると、電話がかかってくるとほぼ同時
に画面が切り替わり、「**4桁の数字**」が表示さ
れます。
　電話での指示に従って、表示された4桁の
数字を入力します(**図B-7**)。

図B-6　電話番号を入力

図B-7　表示された番号を、かかってきた電話にプッシュ回線で入力する

[7]　サポートプランの選択

無料の「ベーシックプラン」を選択します（**図B-8**）。

図B-8　サポートプランを選択する

[8]　アカウントの作成の完了

アカウントの作成が完了します。

■ サインインと初期設定

アカウントが作れたら、AWSマネジメントコンソールからサインインします。

[ルートユーザー]を選択し、「ルートユーザーのEメールアドレス」に、登録したメールアドレスを入力して[次へ]をクリックします。

パスワードが求められるので、パスワードを入力すると、サインインできます(前掲の**図B-2**を参照)。

サインインすると、メインの画面が表示されます。これがAWSを操作する「AWSマネジメントコンソール」です。

AWSは世界にまたがるクラウドサービスなので、右上の画面から、「どの国内のサービスを利用するのか」を選びます。

これを「リージョン」(region)と言います。

本書では、東京リージョンで操作します。左上から[アジアパシフィック(東京)]に切り替えておいてください(**図B-9**)。

図B-9　東京リージョンに切り替える

索　引

[著者略歴]

大澤　文孝（おおさわ・ふみたか）

テクニカルライター。プログラマー。
　情報処理技術者（情報セキュリティスペシャリスト、ネットワークスペシャリスト）。
　雑誌や書籍などで開発者向けの記事を中心に執筆。主にサーバやネットワーク、Web プログラミング、セキュリティの記事を担当する。
　近年は、Web システムの設計・開発に従事。

[主な著書]

「ゼロからわかる Amazon Web Services 超入門 はじめてのクラウド」	（技術評論社）
「ちゃんと使える力を身につける JavaScript のきほんのきほん」「ちゃんと使える力を身につける Web とプログラミングのきほんのきほん」	（マイナビ）
「Amazon Web Services 完全ソリューションガイド」「Amazon Web Services クラウドデザインパターン実装ガイド」	（日経 BP）
「UI まで手の回らないプログラマのための Bootstrap 3 実用ガイド」「prototype.js と script.aculo.us によるリッチ Web アプリケーション開発」	（翔泳社）
「M5Stack ではじめる電子工作」「Python10 行プログラミング」「sakura.io ではじめる IoT 電子工作」「TWELITE ではじめるセンサー電子工作」「TWELITE ではじめるカンタン電子工作」「Amazon Web Services ではじめる Web サーバ」「プログラムを作るとは？」「インターネットにつなぐとは？」「TCP/IP プロトコルの達人になる本」「クラスとオブジェクトでわかる Java」	（工学社）

質問に関して

本書の内容に関するご質問は、

①返信用の切手を同封した手紙
②往復はがき
③ FAX（03）5269-6031
　（ご自宅の FAX 番号を明記してください）
④ E-mail　editors@kohgakusha.co.jp

のいずれかで、工学社編集部あてにお願いします。
なお、電話によるお問い合わせはご遠慮ください。

I O BOOKS

「TWELITE PAL」ではじめるクラウド電子工作

2020年4月5日　初版発行　© 2020

著　者　大澤　文孝
発行人　星　正明
発行所　株式会社 **工学社**
〒160-0004 東京都新宿区四谷 4-28-20 2F
電話　　（03）5269-2041（代）［営業］
　　　　（03）5269-6041（代）［編集］
振替口座　00150-6-22510

※定価はカバーに表示してあります。

［印刷］シナノ印刷（株）

ISBN978-4-7775-2104-3